村镇易腐垃圾资源化处理技术模式

吴伟祥　李馨予　郑良燕　等 著

科学出版社
北京

内 容 简 介

本书从我国垃圾分类的背景和总体趋势出发，从生活垃圾产生特性、分类投放模式、分类处理体系以及经济性角度阐述生活垃圾分类处理体系特性；对村镇地区现有易腐垃圾资源化处理技术与设施运行情况展开综合评估，通过分析各项工艺优势以及瓶颈问题，明确各项技术适用范围。本书系统地总结了我国村镇生活垃圾特征及分类体系特性；对村镇地区易腐垃圾资源化处理技术的典型案例调研分析；通过总结归纳，探明共性问题并提出对策建议，为后续实现村镇易腐垃圾资源化利用提供有力支撑。

本书可供从事村镇环境保护工作的科研工作者、工程技术人员，各地垃圾分类工作领导小组相关管理人员，各地易腐垃圾资源化处理企业以及村镇地区居民农户等参考。

图书在版编目（CIP）数据

村镇易腐垃圾资源化处理技术模式 / 吴伟祥等著. —北京：科学出版社，2021.12

ISBN 978-7-03-069060-9

Ⅰ. ①村⋯ Ⅱ. ①吴⋯ Ⅲ. ①农村–生活废物–废物综合利用 Ⅳ. ①X799.305

中国版本图书馆 CIP 数据核字（2021）第 104414 号

责任编辑：郭允允 李嘉佳 / 责任校对：杨聪敏
责任印制：吴兆东 / 封面设计：蓝正设计

科 学 出 版 社 出版
北京东黄城根北街 16 号
邮政编码：100717
http://www.sciencep.com

北京建宏印刷有限公司 印制

科学出版社发行 各地新华书店经销

*

2021 年 12 月第 一 版 开本：B5（720×1000）
2021 年 12 月第一次印刷 印张：10
字数：200 000

定价：76.00 元

（如有印装质量问题，我社负责调换）

前　言

　　村镇生活垃圾治理是人居环境综合整治的重要内容,是开展新时代美丽乡村建设、推进乡村振兴的关键一环。2020 年 10 月 29 日,中国共产党第十九届中央委员会第五次全体会议通过了《中共中央关于制定国民经济和社会发展第十四个五年规划和二〇三五年远景目标的建议》,建议指出,"全面提高资源利用效率""推行垃圾分类和减量化、资源化",因地制宜推进村镇生活垃圾处理。随后,2021 年中央一号文件《中共中央　国务院关于全面推进乡村振兴加快农业农村现代化的意见》中再次强调需全面推进乡村振兴,把乡村建设摆在社会主义现代化建设的重要位置,意见指出,"实施农村人居环境整治提升五年行动""健全农村生活垃圾收运处置体系,推进源头分类减量、资源化处理利用,建设一批有机废弃物综合处置利用设施。健全农村人居环境设施管护机制。有条件的地区推广城乡环卫一体化第三方治理。深入推进村庄清洁和绿化行动。开展美丽宜居村庄和美丽庭院示范创建活动"。为响应国家对村镇地区垃圾分类工作的推进,提升易腐垃圾资源化利用水平,本书对村镇易腐垃圾资源化处理技术进行了介绍。

　　鉴于此,本书将从我国垃圾分类工作的背景和总体趋势出发,结合各地村镇生活垃圾特征及分类处理体系的实际情况,对现有易腐垃圾资源化技术与设施运行情况开展综合评估,分析各项工艺优势以及瓶颈问题,明确各技术的适用范围,以期打通村镇易腐垃圾资源化利用的"最后一公里"。最后，通过总结归纳，探明易腐垃圾资源化过程中存在的共性问题并提出对策建议，希望能为从事村镇环境保护工作的科研工作者、工程技术人员，各地垃圾分类工作领导小组相关管理人员，各地易腐垃圾资源化处理企业以及村镇地区居民与农户等提供一定的理论支撑和技术指导。

本书共分为4章。在第1章绪论中，主要概述我国垃圾分类工作的背景和总体趋势，重点介绍浙江省村镇生活垃圾分类治理工作的现状，指出易腐垃圾出路问题是现阶段村镇垃圾分类工作的痛点和难点；在第2章村镇生活垃圾特征及分类处理体系中，系统归纳村镇生活垃圾产生量及组分特征，并根据各地发展状况总结村镇生活垃圾分类投放模式，明确各模式的优缺点和适用范围，分析各垃圾分类处理体系经济性，为村镇地区开展垃圾分类工作提供有效借鉴；在第3章村镇易腐垃圾资源化处理技术模式与案例分析中，以浙江省为典型代表，对当前已实际应用的各项易腐垃圾资源化处理技术的主要工艺流程、技术原理与优势、适用范围、产品质量与出路、经济效益等多方面展开评估，并通过典型案例分析深入剖析各项技术特点，聚焦实际应用；在第4章村镇易腐垃圾资源化处理技术模式比选与共性问题分析中，对各项技术进行总结归纳，明确各技术适用范围及经济效益，为技术比选提供更为直观的参考。此外，本书还剖析现阶段各项易腐垃圾资源化技术中存在的共性问题，结合未来发展的总体方向提出相应的对策建议。

本书由吴伟祥、李馨予、郑良燕负责主要撰写工作，辛立庆、秦勇、王志荣、黄武等人参加写作，特别感谢参与调研工作的成员赵昶勋、唐航、王昊、张瑞前、严祥瑞、尹筱思。在本书的撰写过程中，亦得到了著者的工作单位浙江大学，以及各方单位、个人的大力支持和帮助，尤其得到了浙江省生活垃圾分类工作领导小组办公室、浙江省住房和城乡建设厅城市建设处和浙江省农业农村厅农村社会事业促进处的大力支持；科学出版社编辑在出版过程中也给予了很多帮助，在此一并表达衷心的感谢。同时，对本书所引用的主要参考文献的作者也一并致谢。

最后，还要感谢国家水体污染控制与治理科技重大专项"苕溪流域农村污染治理技术集成与规模化工程示范"（2014ZX07101-012）、浙江省重点研发计划项目"易腐垃圾末端处理工艺技术提升"（2021C03024）和"城镇生活垃圾分类减量化资源化处置技术集成及示范"（2019C03006），以及浙江省住房和城乡建设厅 2020 年度城乡规划课题服务采购项目"关于易腐垃圾资源化利用产品的实践与探索"〔CTZB-202005037（3）〕对本书在数据调研采集和出版方面的支持。

由于作者的学术水平和视野所限，书中难免存在不足之处，恳请广大读者批评指正，积极交流，以期再版时补充更正。

作　者

2021 年 4 月

目　录

第1章

绪　　论

　　村镇生活垃圾治理是人居环境整治的重要内容,是开展新时代美丽乡村建设、推进乡村振兴的关键一环。然而近年来,随着中国城乡建设进程加快和村镇经济条件改善,村镇产生的生活垃圾数量与日俱增,"垃圾围村、垃圾进城"等问题愈发突出。而"乡村振兴战略""建设美丽乡村"等目标的提出,进一步明确了要加强农村污染防治、提升农村人居环境,也对农村生活垃圾处理工作提出了更高的要求。

1.1 垃圾分类：关乎大民生的"关键小事"

垃圾分类是一件关乎大民生的"关键小事"，普遍推行垃圾分类制度，关系 14 亿多人生活环境改善，关系垃圾的减量化、资源化、无害化处理。现阶段，党中央国务院高度重视村镇生活垃圾分类处理工作。党的十九大报告明确要求，加强固体废弃物与垃圾处置。2016 年 12 月 21 日，在中央财经领导小组第十四次会议上，习近平总书记强调，要加快建立分类投放、分类收集、分类运输、分类处理的垃圾处理系统，形成以法治为基础、政府推动、全民参与、城乡统筹、因地制宜的垃圾分类制度，努力提高垃圾分类制度覆盖范围。2020 年 9 月 1 日，中央全面深化改革委员会第十五次会议审议通过了《关于进一步推进生活垃圾分类工作的若干意见》，会议指出，生活垃圾分类关系人民群众日常生活，对于推动生态文明建设、提升社会文明程度、创新基层社会治理都有着重要意义。要从落实城市主体责任、推动群众习惯养成、加快分类设施建设、完善配套支持政策等方面入手，加快构建以法治为基础、政府推动、全民参与、城乡统筹、因地制宜的垃圾分类长效机制，树立科学理念，分类指导，加强全链条管理。2020 年 10 月 29 日，中国共产党第十九届中央委员会第五次全体会议通过了《中共中央关于制定国民经济和社会发展第十四个五年规划和二〇三五年远景目标的建议》，建议提出，"全面提高资源利用效率""推行垃圾分类和减量化、资源化。加快构建废旧物资循环利用体系""优先发展农业农村，全面推进乡村振兴""因地制宜推进农村改厕、生活垃圾处理及污水治理"。2020 年 11 月，《国务院关于深入开展爱国卫生运动的意见》中强调，持续推进县域生活垃圾和污水统筹治理，有条件的地方垃圾污水处理设施和服务应向农村延伸。2021 年中央一号文件《中共中央 国务院关于全面推进乡村振兴加快农业农村现代化的意见》中再次强调，"把乡村建设摆在社会主义现代化建设的重要位置""实施农村人居环境整治提升五年行动""健全农村生活垃圾收运处置体系，推进源头分类减量、资源化处理利用，建设一批有机废弃物综合处置利用设施。健全农村人居环境设施管护机制。有条件的地区推广城乡环卫一体化第三方治理。深入推进村庄清洁和绿化行动。开展美丽宜居村庄和美丽庭院示范创建活动"。

村镇生活垃圾分类处理，更是实施乡村振兴战略的重要任务，事关全面建成小康社会、事关农村生态文明建设。近年来，我国相继出台了一系列政策文件来推动村镇生活垃圾治理。

2015 年 11 月 3 日，住房和城乡建设部等十部委颁布《住房城乡建设部等部门关于全面推进农村垃圾治理的指导意见》（建村〔2015〕170 号），指出党中央、国务院明确提出要全面推进农村人居环境整治，开展农村垃圾专项治理。"实现有齐全的设施设备、有成熟的治理技术、有稳定的保洁队伍、有长效的资金保障、有完善的监管制度"。2017 年 6 月 6 日，住房和城乡建设部发布了《住房城乡建设部办公厅关于开展第一批农村生活垃圾分类和资源化利用示范工作的通知》（建办村函〔2017〕390 号），要求"各省级住房城乡建设部门要及时总结有关县（市、区）可借鉴、可复制的典型经验并进行推广，到 2020 年底前在具备条件的县（市、区）普遍开展农村生活垃圾分类和资源化利用工作"。2018 年 2 月，《农村人居环境整治三年行动方案》明确提出"到 2020 年，实现农村人居环境明显改善，村庄环境基本干净整洁有序""基本实现农村生活垃圾处置体系全覆盖"。《乡村振兴战略规划（2018—2022 年）》提出需"加快补齐突出短板""推进农村生活垃圾治理，建立健全符合农村实际、方式多样的生活垃圾收运处置体系，有条件的地区推行垃圾就地分类和资源化利用"。2019 年 10 月，《住房和城乡建设部关于建立健全农村生活垃圾收集、转运和处置体系的指导意见》（建村规〔2019〕8 号）中指出需"建立健全收运处置体系"，实现"农村生活垃圾分类减量"。2020 年 7 月，国家发展和改革委员会、住房和城乡建设部、生态环境部联合印发了《城镇生活垃圾分类和处理设施补短板强弱项实施方案》，明确提出，到 2023 年"县城生活垃圾处理系统进一步完善；建制镇生活垃圾收集转运体系逐步健全"，确定了"因地制宜推进厨余垃圾处理设施建设"等重点任务。2020 年 8 月，住房和城乡建设部办公厅公布《2020 年农村生活垃圾分类和资源化利用示范县名单》，将北京市大兴区等 41 个县（市、区）列为 2020 年农村生活垃圾分类和资源化利用示范县，为不同类型、不同条件地区提供可学习、可借鉴、可复制的经验。随后，2020 年 9 月 1 日起实施的新修订的《中华人民共和国固体废物污染环境防治法》中规定，国家推行生活垃圾分类制度。生活垃圾分类坚持政府推动、全民参与、城乡统筹、因地制宜、简便易行的原则。2020 年 11 月，住房和城乡建设部等多部门联合印发《关于进一步推进生活垃圾分类工作的若干意见》再度强调，需要"补齐厨余垃圾和有害垃圾处理设施短板"。上述文件及法规的颁布，对我国农村生活垃圾分类工作提出了针对性、可操作性和引导性的要求，为村镇地区全面建成小康社会、实现乡村全面振兴提供良好的政策支撑。

1.2 浙江省村镇生活垃圾分类治理工作现状

早在 2003 年，时任浙江省委书记的习近平同志亲自调研、亲自部署、亲自推动，启动实施"千村示范、万村整治"工程，开启了村镇环境综合整治的新篇章。2020 年 3 月，习近平总书记再度赴浙江考察调研，要求浙江省"努力成为新时代全面展示中国特色社会主义制度优越性的重要窗口"，并提出要深化"千村示范、万村整治"工程和"美丽乡村"建设，践行"绿水青山就是金山银山"的发展理念。

上述成绩的取得，主要得益于浙江省委、省政府逐年完善的政策体系、明确的工作目标及成熟的队伍建设。2016 年，浙江省普遍推行垃圾分类的经验被作为典型在全国推广。为抓好"垃圾革命"，2017 年浙江省颁布了《关于扎实推进农村生活垃圾分类处理工作的意见》（浙委办发〔2017〕68 号）。2018 年，浙江省发布全国首个关于农村生活垃圾分类处置的省级地方标准——《农村生活垃圾分类管理规范》，为加快推进农村生活垃圾分类处理工作，2018 年进一步颁布了《浙江省农村生活垃圾分类处理工作"三步走"实施方案》（浙村整建办

〔2018〕5 号），方案提出，到 2022 年底，全省农村生活垃圾分类基本实现全覆盖，累计创建省级高标准生活垃圾分类示范村 1200 个；全省农村生活垃圾回收利用率达 60%以上、资源化利用率基本达 100%，为深入实施"千村示范、万村整治"工程，全面推进"美丽乡村"建设提供了基础保障。2020 年 3 月，《2020年度浙江省生活垃圾分类工作要点》中再度围绕"一三五、三步走"的生活垃圾分类总体目标，明确将通过源头减量和垃圾处理设施建设等专项行动，率先实现餐厨垃圾焚烧和餐厨垃圾处理设施县县全覆盖。2020 年 12 月 24 日，浙江省十三届人大常委会第二十六次会议审议通过《浙江省生活垃圾管理条例》，该条例于 2021 年 5 月 1 日起正式施行，条例强化农村分类收集运输环节管理工作，明确相应法律责任，增强法规刚性约束，为浙江省广大农村地区推行垃圾分类提供法律保障。浙江省相继颁布的政策文件，加快推进了村镇生活垃圾分类进程，并且逐步关注到处理处置缺口巨大的易腐垃圾上面来。

在村镇垃圾分类工作取得显著成效的同时，浙江省 2014 年出台了《关于开展农村垃圾减量化资源化处理试点的通知》，率先推行了"分类减量、源头追溯、定点投放、集中处理"的村镇生活垃圾处理模式，并开展垃圾减量化资源化处理试点工作。经过 6 年的努力，试点项目基本落地。据浙江省农业农村厅统计数据，截至 2019 年，全省开展了 1970 个省级分类处理项目村，建成 1078 个农村易腐垃圾资源化处理站点，覆盖 1.44 万个行政村，覆盖村人口数 1153.98 万人，省补助 5.48 亿元，设备投入 8.65 亿元。在建成的站点中，采用微生物高温发酵设备的站点有 965 个，采用阳光房 56 个，采用磁性自热解技术 18 个，采用一体化厌氧发酵技术 28 个，完成率高达 99.17%。设备平稳运行，减量化程度高。落地设备的运行率达到 92.3%，且大部分设备运行容量负荷率基本在 70%~80%，平均年处理 120.45 万 t，出肥量 82954 t/a，垃圾减量 1121510 t/a，减量比例达 93%。另外，从成肥检测报告看，绝大部分出肥产品能够满足《有机肥料》（NY/T 525—2021）中关于有机肥料技术指标和重金属限量指标的要求，村庄环境效益显著提升。通过垃圾分类减量化资源化处理，农户家中的菜叶树叶、剩菜剩饭等易腐垃圾变成了可利用的农家肥，原先因缺乏处置设施而导致的乱扔垃圾现象减少了，也使农户对人居环境改善信心大增（孔朝阳，2020）。

综上，浙江省已初步建成因地制宜的多元易腐垃圾处理模式，包括"一村一建"、"多村联建"或"县域集中"等就近就地处理易腐垃圾的模式。同时也在不断强化易腐垃圾处置关键核心技术攻关，加快推进垃圾治理技术创新、模式创新以及路径创新，淘汰了部分不符合农村易腐垃圾处理实际的技术，形成了一系列可复制可推广的、符合村镇发展实际和环保要求的易腐垃圾终端处理模式，如生物强化腐熟、机械成肥、太阳能辅助堆肥和生物蛋白转化等技术。

1.3　易腐垃圾出路问题：村镇生活垃圾分类

工作的痛点和难点

生活垃圾处理行业在垃圾分类这项"国策"推动下，已取得长足的进步，但同时也面临着多元的挑战。数据显示，易腐垃圾是我国村镇生活垃圾的主要组成部分，占生活垃圾总量的 26.1%～63.2%（吕凡等，2020）。然而，根据浙江省住房和城乡建设厅公布的数据显示，截至 2020 年 7 月，浙江省易腐垃圾实际处理量仅占总填埋、焚烧、易腐垃圾处理处置总和的 5.9%，村镇易腐垃圾处理问题更是如此。因此，在大力推进村镇生活垃圾分类工作的过程中，村镇垃圾分类的主要矛盾逐渐转变为易腐垃圾分出率逐步提高与后端处理处置能力不足之间的矛盾，易腐垃圾出路问题逐渐成为村镇生活垃圾分类工作的痛点和难点。

由此可见，现阶段浙江省村镇生活垃圾分类工作仍面临着"易腐垃圾处理缺口大、技术指导文件缺失"等系列难题。鉴于此，本书将以浙江省为典型代表，结合相关调研、采样、检测及分析结果，提出构建符合村镇生活垃圾产生量与组分特征的生活垃圾处理体系的重要性；根据各地区逐步形成的生活垃圾分类投放与收运模式成效，指出村镇易腐垃圾处理体系存在的问题，明确完善易腐垃圾处理技术模式的现实需求；通过开展对现有设施运行情况的综合评估，分析各项工艺优势以及存在的瓶颈问题，明确各技术的适用范围，以期打通村镇易腐垃圾资源化利用的"最后一公里"，为浙江省实现生活垃圾"零增长""零填埋"目标，打赢生活垃圾治理攻坚战，打造全国生活垃圾治理先行区，建设"重要窗口"提供技术支撑。

参 考 文 献

孔朝阳. 2020. 浙江省：化腐朽为神奇，垃圾变身资源. [2021-01-10]. https://www.thehour.cn/news/366267.html.

吕凡, 章骅, 郝丽萍, 等. 2020. 易腐垃圾就近就地处理技术浅析. 环境卫生工程, 28(5): 1-7.

第 2 章
村镇生活垃圾特征及分类处理体系

　　构建一套符合村镇实际的生活垃圾处理体系,不仅需要各级决策部门充分摸清生活垃圾产排特征,也需要各地农户与居民理解并配合垃圾分类投放工作。因此本章将结合浙江省生活垃圾产排相关数据及调研结果,探明垃圾处理体系中易腐垃圾处理需求逐渐释放的实际难题,指出畅通村镇易腐垃圾出路、形成完善的易腐垃圾处置技术模式迫在眉睫;同时,本章将概述现有生活垃圾投放与收运模式,并开展生活垃圾分类处理体系经济性分析,以期为村镇各相关部门提供参考,也为不同地区村民在生活垃圾投放等日常行为做出相应规范与指南。

2.1　村镇生活垃圾产生量特征

我国村镇生活垃圾产生规模达到每年 3 亿 t（李相儒，2019），大于城市生活垃圾产生量。然而，2019 年全国城市生活垃圾清运量达到 2.42 亿 t，而全国县城及村镇生活垃圾清运量仅为 0.69 亿 t，尚未达到城市生活垃圾清运量的 1/3。据中国城市环境卫生协会与中国城市建设研究院联合发布的《中国生活垃圾处理行业发展报告——垃圾分类的法制化时代》报道，2019 年城镇生活垃圾无害化处理率增速首次低于城镇化率增速，这个拐点的出现，预示着中国生活垃圾无害化处理重心将由城市向村镇转移。由于村镇人口密度低和经济条件差等特点，不少地区依赖"城乡一体化"形式将村镇产生的生活垃圾运输到城市大型无害化处置设施中，这不仅增加运输及处置成本，还使城市面临"垃圾围城"的困境。因此，村镇生活垃圾应依照"不出县""不出村"的原则，实现就地减量资源化。

根据住房和城乡建设部统计，2019 年我国建制镇与乡的生活垃圾无害化处理率分别仅为 65.45% 和 38.27%（中华人民共和国住房和城乡建设部，2020），远不及我国城市生活垃圾无害化处理率（99.2%）（国家统计局，2020）；农村新鲜产生的生活垃圾与陈年垃圾侵占了大量的土地，对地表水、地下水、土壤和大气都造成严重污染。村镇生活垃圾无害化处理率低主要存在以下瓶颈问题：①各村镇建设较为分散，村与村之间交通条件有所限制；②村镇人口分布密度小；③大多村镇经济发展水平受限、资金缺口大，这导致村镇生活垃圾产生密度远低于城市建成区。虽然堆肥、厌氧产沼、热解等规模化处理技术已成熟运用于城市生活垃圾的资源化利用和处理处置中，但是由于农村地区生活垃圾产生特性和组成特性与城市有较大的差异，难以照搬城市的"集中处理为主"的规模化生活垃圾处理模式（何品晶等，2014）。

浙江省自然环境特点为"七山一水二分田"。在浙江省分布面积最广的地形是丘陵，全省地势由西南向东北倾斜，地形复杂。根据《中国建制镇统计年鉴2012》的相关数据，丘陵地带建制镇在浙江省占比 3 成以上。相比于平原地区村镇，众多位于浙江省丘陵地带的农村，其空间布局形式千差万别，这也使得这些村镇在公共设施建设规划中存在明显的地域性和复杂性（张恺，2018）；村与村之间差别较大，这为浙江省村镇生活垃圾产生、运输与处理体系建设带来较大障碍。

生活垃圾产生量的大小，直接决定地区生活垃圾清运体系体量大小以及末端环卫设施建设规划。影响垃圾产生量的因素众多，大致可归为内在因素、自然因素、个体因素以及社会因素四类。其中，包括经济水平以及人口数量等在内的内在因素会对村镇生活垃圾产生量具有最直接的影响。根据《2019 年城乡建设统计年鉴》，并结合浙江省村镇实地调研数据，浙江省各市城市地区的人均生活垃圾产生量为 $0.59 \sim 1.53$ kg/（人·d），村镇地区人均生活垃圾产生量在 $0.47 \sim 1.02$ kg/（人·d）。各地在环卫设施建设规划的过程中，需充分调研当地生活垃圾产生量，并选择合理可靠的方式展开预测，避免在生活垃圾处理体系运行过程后期，出现其他垃圾处置负荷率低下而易腐垃圾处置仍有较大缺口的现象。

鉴于此，为有效提高浙江省农村生活垃圾的无害化处理率，各地环卫部门在进行生活垃圾分类处理体系规划的首要一步，就是摸清当地生活垃圾产生特点以及产生量的变化趋势，因地制宜构建生活垃圾分类处理体系。

2.2　村镇生活垃圾组分特征

确定分类处理体系的第一步是明确生活垃圾分类投放与收集模式，而模式的构建取决于其组分特征。因此，依照《生活垃圾采样和分析方法》（CJ/T 313—2009）四分法取样，实测分析 2018～2020 年浙江省杭州市和绍兴市的 10 个代表性县（市、区）村镇生活垃圾主要组分特征（表2-1）。

表 2-1　浙江省典型县（市、区）农村生活垃圾物理组分特征　（单位：%）

县（市、区）	厨余类	纸类	橡塑类	纺织类	木竹类	灰土类	砖瓦陶瓷类	玻璃类	金属类	其他类	混合类
萧山	51.65	10.00	7.78	7.78	2.22	10.00	0.56	6.67	1.11	1.67	0.56
余杭	43.81	15.98	13.92	10.31	1.03	0.52	1.03	10.82	1.03	0.52	1.03
富阳	65.70	4.90	7.84	3.92	2.94	0.98	0.98	3.92	3.92	1.96	2.94
临安	60.51	3.09	14.81	4.32	1.23	0.62	1.85	9.26	1.23	1.85	1.23
桐庐	58.90	9.38	19.64	1.34	0.45	0.45	0.45	8.04	0.45	0.45	0.45
建德	67.36	6.46	4.62	0.42	1.68	6.30	5.88	2.94	0.56	1.68	2.10
上虞	56.20	10.25	11.67	5.28	5.91	0.75	2.95	5.27	1.01	0.04	0.67
诸暨	51.24	9.54	13.04	10.83	2.15	3.71	1.16	2.59	0.94	0.16	4.64
柯桥	56.13	14.89	10.57	2.78	3.40	5.34	0.43	3.11	0.98	2.37	0.00
新昌	56.03	12.95	10.97	5.92	1.52	5.08	1.08	2.72	1.84	1.89	0.00

注：厨余类，各种动、植物类食品（包括各种水果）的残余物；纸类，各种废弃的纸张及纸制品；橡塑类，各种废弃的塑料、橡胶、皮革制品；纺织类，各种废弃的布（包括化纤布）、棉花等纺织品；木竹类，各种废弃的木竹制品和花木；灰土类，炉灰、灰砂、尘土等；砖瓦陶瓷类，各种废弃的砖、瓦、瓷、石块、水泥块等块状制品；玻璃类，各种废弃的玻璃、玻璃制品；金属类，各种废弃的金属、金属制品（不包括各种纽扣电池）；其他类，含各种废弃的电池、油漆、杀虫剂等；混合类，粒径小于 10 mm 的、按上述分类比较困难的混合物。

由图 2-1 可知，浙江省农村生活垃圾主要组分包括厨余类、纸类、橡塑类、纺织类、玻璃类等。其中，厨余类占比最高，平均可达 57%左右；纸类、橡塑类、纺织类、灰土类和玻璃类组分总占比可达到 35%左右；而木竹类、砖瓦陶瓷类、金属类、其他类和混合类等非主要组分的总占比不足 8%。

浙江省农村生活垃圾中有害垃圾占比较低，且在推行垃圾分类之后，有害垃圾进入易腐垃圾的风险也将下降。根据表 2-1 可知，浙江省农村有害垃圾主要包括废电池、废油漆、废杀虫剂等，占比仅为 1.3%左右。另外，经调查发现，除农药废弃包装物以外的有害垃圾，包括废荧光灯管、废水银温度计、废血压计、废药品、废日用化妆品、废油漆和废消毒剂及其包装物等，在农户家中均鲜有产生。至于废弃农药瓶等在农村数量庞大的农药废弃包装物，由于浙江省已于 2015 年 9 月 1 日起全面实施农药废弃包装物回收和集中处置（韩泽东，2019），全省各地已经形成农药废弃包装物回收体系，因而显著减少。上述情况说明，浙江省农村生活垃圾中的有害垃圾比例相当低，但考虑到有害垃圾的高环境风险，应极力避免其混入易腐垃圾。

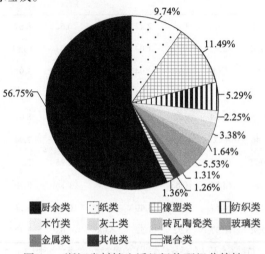

图 2-1　浙江省村镇生活垃圾物理组分特性

　　进入农村生活垃圾收运体系的可回收物，大多经济价值较低，不具备回收价值。根据表 2-1 可知，具有一定回收价值的纸类、橡塑类、纺织类和玻璃类 4 类组分的总占比可达约 32%，主要包括废纸、废塑料、废旧纺织物、废玻璃等低值可回收物。然而实际上，占农村生活垃圾总量近 10% 的纸类中，可回收纸类又极少，绝大部分为面巾纸、卫生纸等已受污染或不可回收纸类，报纸、书籍、打印纸等可回收纸占比很小；而橡塑类、纺织类等进入生活垃圾收运体系后，易受污染使得一部分难以回收。因此，从理论上分析农村生活垃圾中低值可回收物的占比也不到 15%。

　　综上所述，浙江省农村易腐垃圾产生量较大，进入生活垃圾收运体系的有害垃圾极少且其混入易腐垃圾中的风险逐渐降低；进入生活垃圾收运体系的可回收物的经济价值较低。鉴于此，浙江省在推进农村垃圾分类工作的初期，采取"源头二分"（分为易腐垃圾和其他垃圾两类）+"整村四分"（经过二次分拣分出有害垃圾和可回收物）是较为理想的，这既能保证农村易腐垃圾纯度，利于其后端就地减量资源化利用，同时节约垃圾分类工作和垃圾外运的经济成本，提高社会对垃圾分类工作的接受度并降低生活垃圾处理对环境产生的影响，使农村生活垃圾分类工作得到推进。

2.3　村镇生活垃圾分类投放模式

在以"源头二分"+"整村四分"为村镇生活垃圾分类模式的大背景下，浙江省各县（市、区）的村镇生活垃圾分类收运体系已基本形成，其以行政村为单元，对易腐垃圾、其他垃圾、有害垃圾和可回收物进行分类收运。分类收运模式的形成要以分类时效提升和农户习惯养成为目标，同时，受经济成本、推行效益、社会接受程度等因素的影响，不同地区需要根据实际情况因村制宜，选择合适的收运模式，并在具体实施运作中与时俱进、推陈出新、逐步优化，形成效益更高且具有特色的分类收运模式。

经过 2014 年以来的试点实践，目前浙江省农村生活垃圾分类投放与收集运输主要形成了上门收集、定点投放、一户一桶、袋装直投、有偿回收、智能分类和定时定点投放等典型代表性的分类投放与收运模式。不同模式各具优缺点，具体模式见表 2-2。

表 2-2　农村生活垃圾收运模式简介

序号	分类收集模式（针对垃圾）	具体形式	优点	缺点	适用范围
1	上门收集（易腐垃圾和其他垃圾）	向农户提供分别用于收集易腐垃圾与其他垃圾的 2 种垃圾桶，农户按不同垃圾类别分别投放后将垃圾桶置于家门前，由收运人员定时到户分类收集、记录考核、管理督导并分类运输	监管容易，正确率高，易于引导农户配合分类工作	工作量大、耗时费力、运维资金高，易使农户产生依赖性和惰性	适合于居民分类意识比较落后、垃圾分类刚起步、规模较小、居住较紧密的村庄
2	定点投放（易腐垃圾、其他垃圾、有害垃圾和可回收物）	居民在收运人员的监督管理下，将易腐垃圾和其他垃圾分别自行投放到所属区域垃圾投放点对应的大垃圾桶内。随着分类工作的推进，可采取"2+X"模式，即增设合适比例的有害垃圾桶和可回收物桶，再由收运人员分类运输	便于运行管理，运维费用较低，实现高度自治，且该模式可逐步实现从"源头二分"向"源头四分"转变，适合垃圾分类工作的长期实施	该模式前期接受度较差，短期内无法起到较好效果，分类准确率低，环境卫生较难保证	适用于有较好垃圾分类工作基础的村庄，是目前农村垃圾分类工作的较完整形态

续表

序号	分类收集模式 针对垃圾	具体形式	优点	缺点	适用范围
3	上门收集 （易腐垃圾） ＋ 定点投放 （其他垃圾、有害垃圾和可回收物）	该模式是上门收集和定点投放两种模式的集成。向农户提供易腐垃圾小桶，农户将易腐垃圾投放至家门口内的易腐垃圾桶内，收运人员定时上户收运；其他垃圾/有害垃圾/可回收物则由农户自行投放到所属区域的公共垃圾桶内，再由收运人员分类运输	与上门收集模式相比，收运工作量大幅减少；与定点投放模式相比，环境污染风险较高的易腐垃圾投放难度降低，农户分类积极性提高	运维成本处于相对较高水平，收运工作较为烦琐，总体工作量减少但对工作人员要求提高	适用于有一定分类基础、处于向自主定点投放模式过渡、规模较小、居住较紧密的村庄
4	一户一桶 （易腐垃圾） ＋ 定点投放 （其他垃圾、有害垃圾和可回收物）	各村集中设置"易腐垃圾收集架"，农户每日将匹配各家庭门牌信息的易腐垃圾小桶置于站点指定位置上，收运人员到各站点检查分类质量并登记，收集完毕后将桶清洗放回，由各户居民自行取桶；其他垃圾/有害垃圾/可回收物则由农户自行投放到收集架边上的公共大垃圾桶内，再由收运人员分类运输	易腐垃圾连桶自主取放，提高收集效率，"一户一桶实名制"既保证垃圾组分纯度、环境清洁程度，也易于实现垃圾分类溯源，明确区分两类垃圾，提升农户分类意识	运维成本处于相对较高水平，检查分类质量以及清洗小桶工作较为烦琐，较上门收集模式总体工作量减少但对工作人员要求提高	适用于经济条件较好且垃圾分类工作有一定基础的村庄
5	袋装直投 （易腐垃圾） ＋ 定点投放 （其他垃圾、有害垃圾和可回收物）	向农户提供带编号的易腐垃圾袋，农户将袋装的易腐垃圾连袋自行投放至所属区域的易腐垃圾集中投放点（大型垃圾桶或垃圾房），将其他垃圾/有害垃圾/可回收物自行投放至所属区域垃圾投放点的公共大垃圾桶内，再由收运人员分类运输	袋装直投模式十分便捷，环境清洁性高，垃圾投放点恶臭问题得到缓解，农户可以迅速适应并配合垃圾分类工作的推进	袋装易腐垃圾的末端处置成为瓶颈，对分拣设备要求很高，人工分拣劳动强度大且安全问题难以保障	仅适用于具备处置袋装易腐垃圾能力的村庄。总体而言，该模式增大后端处置难度，难以推广
6	有偿回收 （可回收物）	在以"源头二分"为基础分类模式的农村地区，将可回收物在进入生活垃圾体系前分出是实现源头减量的重要一环，该模式主要通过收运人员上门称量收集或农户自行将可回收物移送至回收点的形式回收，补偿形式包括定价补偿或积分兑换等。小部分地区对易腐垃圾和有害垃圾也施行有偿收购后分类运输	除了有效的宣传教育外，适当补偿形式是刺激居民分类积极性最有效快速的手段。积分兑换系统构建有利于促进当地消费	运维费用较高，积分系统设置等过程较为烦琐，需要多人管理，后期若想向其他模式转变则动力不足。尤其是对易腐垃圾实行有偿收购较为不可取	适用于公共财政富足、经济实力较强、公共建设基础较好、垃圾分类工作处于起步阶段的村庄

续表

序号	分类收集模式 针对垃圾	具体形式	优点	缺点	适用范围
7	智能分类 （分类垃圾/可回收物细分类）	智能分类模式是"互联网+"背景下定点投放模式的新升级。在无人值守的情况下，农户通过刷身份证/市民卡等证件登记个人信息，将分类垃圾自行移送到智能投放点对应的垃圾箱内，实现实时称重数据上传与积分反馈，后续由收运人员分类运输。目前主要用于可回收物的细分类，面向四分类垃圾的分类收集也在逐步普及	在高新技术的支撑下，给农户带来新鲜感，推动农户学习和参与垃圾分类积极性；智能化操作提升环境清洁性，大数据监管便于分类工作开展及管理部门监管	前期投入成本高，大多基层农村难以接受，且现阶段智能分类仍处于吸取国外经验、初步摸索适合我国国情发展阶段，部分设计仍不符合农村实际情况	适用于有特色产业、经济发展较好的村庄
8	定时定点投放 （易腐垃圾、其他垃圾、有害垃圾和可回收物）	撤去道路边较多的小垃圾桶。农户将易腐垃圾和其他垃圾分别自行投放到所属区域垃圾投放点所对应的大垃圾桶内。其中，易腐垃圾和其他垃圾仅在早晚两个时段展开定时定点投放，投放时间为早上2h（7：00~9：00），晚上2h（18：00~20：00）。收运人员/责任包干员在此时段强化指导与监督，过点后，撤去/锁上投放点的大垃圾桶，不再接受农户投放，在该模式推行早期，可在村庄合适位置增设易腐垃圾与其他垃圾误时投放点，并且在误时投放点边放置定时定点投放相关指导守则，引导农户适应分类模式。易腐垃圾与其他垃圾均做到日产日清，而有害垃圾和可回收物由于产生量较小，可根据各村实际情况，每周设立固定时间投放，其余时间撤/锁桶，后续由收运人员分类运输	有效保障投放点清洁度，有利于提升村庄整体环境卫生；集中时段投放督导有助于提高农户生活垃圾投放准确率，也通过人力督导方式实现简单溯源；定时定点投放约束力较强，严格实施"撤/锁桶"，构建倒逼机制促进农户定时扔垃圾，推动生活垃圾源头减量。此外，如采用撤桶并定点定时投放方式，还可以打造一个没有垃圾桶的美丽村庄	该模式前期接受度较差，短期内无法起到较好效果，分类准确率低；存在误时后仍投放垃圾于桶周围的现象，增大环卫负担；环境卫生较难保证；垃圾投放高峰期易造成排队现象	该模式主要借鉴城镇小区生活垃圾分类工作经验，主要适用于有较好垃圾分类工作基础、"三支队伍"建设有力的村庄，也是目前农村垃圾分类工作的理想状态

　　总体而言，随着垃圾分类工作的有序推进，村镇生活垃圾投放与收集将进一步加快易腐垃圾、其他垃圾投放以及可回收物、有害垃圾投放站点建设，推进四分类投放设施一体化建设，形成以"定时定点"模式为基础，农户自觉分类投放的形式，以此降低分类体系运维成本。

2.4 村镇生活垃圾分类处理体系

经过上述不同的分类投放与收集模式后，各类垃圾将由专门部门负责，依照物流管理模式，优化各阶段运输流程，实行分类运输。农村生活垃圾分类投放、分类收运与分类处理体系流程见图 2-2。

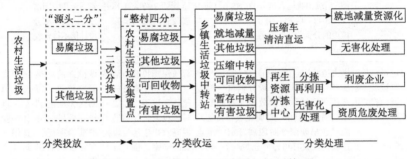

图 2-2 村镇生活垃圾分类收运处理体系

易腐垃圾经收集后，一般运输至村建、多村合建或乡镇集中建设的易腐垃圾资源化处理站点进行就地减量资源化处置，也有部分地区根据实际情况，将各村易腐垃圾经乡镇中转后统一运输至规模化易腐垃圾处置中心进行集中处置。这种"分散式就地减量为主、规模化处置为辅"的农村易腐垃圾处理模式，有效缓解各村分布较远、人口密度低、交通不便等限制因素所导致的无害化处理率低的问题，对农村生活垃圾处理具有较大贡献。其他垃圾需运输至村内集置点进行二次分拣，分拣出有害垃圾和可回收物。二次分拣后的其他垃圾运输到乡镇生活垃圾中转站内进行压缩或通过压缩车直运方式运输至末端无害化处理中心，如垃圾焚烧厂进行焚烧发电。有害垃圾则在中转站内特定区域暂存，当累积到一定量之后，交由专业经营资质的第三方公司统一运输至危废处置机构进行无害化处理。其他垃圾中分出的低值可回收物可在乡镇垃圾中转站内与再生资源回收体系"两网融合"，经称量、监测、分拣后运输至上级分拣中心或直接运输至利废企业进行资源回收利用。

分类运输环节，明确规定了各类生活垃圾分类收运要求，对收运路线进行充分的设计与优化，实现垃圾中端收运安全、及时、环保、高效。村镇地区路网较为简单，交通量小，收集时间限制较少，但需要建立合理且灵活的收运频率，充分考虑农忙、春节、赶集等特殊时间，合理调整收运频率。重点做好分类村镇的标准化配置工作，按照"分类运输要定车"要求，确保分类区域分类收运，严禁"先分后混、混装混运"。注重环卫车车容车貌整治，推广使用密封性好、标志明显、节能环保的专用收运车辆。经济条件较好的村镇可在收运车辆上安装实时拍照记录、称重计量、视频监控、车载定位等信息化智能化设备，满足村镇生活垃圾物流管理需求。

另外，加快推进村镇中转站提标改造和能力提升。据调研显示，浙江省半数村镇中转站建于十多年前，设备年限长、环保设施建设匹配度低下，普遍存在废气、废水等二次污染问题。未来，将以集约化、标准化、环保化为建设原则，贯彻共建共享共治理念，依托原有分类体系基础，构建以综合收处、中转为典型功能定位的中转站。例如，绍兴市上虞区、柯桥区等地，在其生活垃圾分类相关规划中，已具有生活垃圾分类减量综合体（生活垃圾综合性中转站）概念，其主要功能为：①其他垃圾的中转压缩；②易腐垃圾机械分拣除杂预处理与原位资源化处理；③其他垃圾压缩与易腐垃圾资源化过程产生的渗滤液的原位达标处理；④臭气负压引风收集原位达标处理；⑤可回收物与有害垃圾的精细分拣与暂存。综上所述，实现四类垃圾协同高效中转，提升与周边环境的整体协调性，这将成为未来生活垃圾分类处理新趋势。

2.5　村镇生活垃圾分类处理体系经济性分析

自 2014 年以来，浙江省各县（区、市）均在垃圾分类工作中投入大量专项资金、展开各类试点项目，根据本书调研及相关资料，从分类投放成本、分类收集和分类运输成本、分类处理成本等方面对村镇垃圾分类减量资源化处理工作展开系统的经济性分析。

2.5.1 分类投放成本

分类投放环节的经济成本主要包括分类基础设施以及源头分类宣传和奖励措施两方面，这也是推行垃圾分类工作的关键一步，只有做好源头分类，后续的环节才能顺利有效开展。

根据分类投放与收集模式差异，基础设施投入主要包括但不限于 15 L 的入户小垃圾桶、120 L 或 240 L 的集中收集大垃圾桶、垃圾袋分发，集中投放点建设费用等。其成本视不同地区经济条件不同而略有差异。根据实际调研得到的 2018 年浙江省杭州市 6 县区 16 镇街分类投放单位成本汇总情况见表 2-3，各村镇平均吨垃圾投入近 52.00 元。分类投放环节投资与投放模式相对应。一般来说，上门收集模式，需要向农户发放小型分类垃圾桶，数量大、成本高，这类投放模式成本相对较高；定点投放模式，则主要向居民家内分发垃圾袋以及匹配区域集中投放点，这类投放成本相对较低；但是，也存在部分地区由于垃圾分类前期基础较差（如 N 镇、O 镇、P 街道），直接采用定点投放方式效果不佳，最终导致分类投放单位成本升高。因此，该环节的模式选择，需要考虑到地区垃圾分类基础、经济发展状况等多重因素。

表 2-3　浙江省杭州市典型村镇分类投放设施单位成本汇总表

地点	分类投放方式	分类投放投入/万元	吨垃圾投入/元
A 街道	上门+定点	56.25	7.71
B 街道	上门收集	6	34.25
C 镇	定点投放	21	10.46
D 镇	上门收集	2.2	20.13
E 镇	定点投放	8.5	38.81
F 乡	上门收集	8.5	29.11
G 镇	上门收集	56	127.85
H 镇	上门收集	91	55.4

续表

地点	分类投放方式	分类投放投入/万元	吨垃圾投入/元
I 街道	上门收集	14.78	24.36
J 镇	智能分类	48	38.68
K 镇	上门收集	40	9.13
L 镇	有偿回收	12.75	49.9
M 镇	上门收集	18	49.32
N 镇	定点投放	34	103.73
O 镇	定点投放	35	136.99
P 街道	定点投放	62	94.37
平均		32.12	51.89

另外，各地积极采取不同形式的宣传培训和激励措施，如垃圾分类课堂、分类培训会、积分奖励、有偿回收、季度评比、家庭红黑榜等，这些措施的实施同样需要大量资金支持。这类措施在实行垃圾分类初期可有效提高村民分类的积极性，随着农户分类习惯的形成，环境卫生改善，其投入可逐渐减少。

根据实际调研得到的宣传培训和奖励措施单位成本汇总情况见表 2-4，各村镇用于垃圾分类源头分类宣传、培训和奖励措施的经费投入平均约为每人每年17 元，折合吨垃圾成本约为 53 元。因此，宣传、培训和奖励费用主要受基层政府重视程度、财政实力以及分类基础等因素决定。

表 2-4　浙江省杭州市典型村镇宣传培训和奖励措施单位成本汇总表

街道（镇、乡）	分类人口/人	宣传奖励投入/万元	人均投入/元	吨垃圾投入/元
A 街道	38000	20	5.26	2.74
B 街道	1150	10	86.96	57.08
C 镇	28000	5	1.79	2.49
E 镇	11000	2	1.82	9.13
F 乡	9000	4	4.44	13.70
G 镇	23000	30	13.04	68.49
H 镇	43000	15	3.49	9.13

街道（镇、乡）	分类人口/人	宣传奖励投入/万元	人均投入/元	吨垃圾投入/元
I 街道	16621	16	9.63	26.37
J 镇	22000	15	6.82	12.09
K 镇	41590	10	2.40	2.28
L 镇	14208	6	4.22	23.48
M 镇	19778	5	2.53	13.70
N 镇	19483	98	50.30	298.99
O 镇	10305	60	58.22	234.83
P 街道	19997	14.9	7.45	22.68
平均	21142	20.73	17.22	53.15

2.5.2 分类收集和分类运输成本

农户依照分类投放模式，将垃圾分类投放到垃圾桶中，后续收运人员需要及时开展分类收集工作，以保证环境整洁、维护农户分类成果。村镇垃圾分类收集与运输环节的主要资金投入，包括收运人员工资、收运车辆的使用和折旧费用。

收运人员的工资与工作量相关联，此外还受当地经济状况影响。根据对 16 个典型村镇的调研，一般情况下平均每 2000 人需要配置收运人员 1 名，平均薪酬为 1785~2000 元/人（包括意外伤害保险等费用）；从村镇经济发展水平以及交通情况出发选取清运车辆，电动三轮车成为各地的主要选择，其价格在 4000~14000 元，由于使用强度较大，一般服务 2~4 年。若后续考虑配置成本较高的专业小型垃圾清运车，建议依照各街道垃圾清运量以及地理位置，多个自然村联合清运，将清运车的运输负荷保证在较高水平，分散投资，节约成本。

目前，各村镇垃圾处理系统主要以"户分、村收、镇集、县处理"模式，根据实际调研，分类收集和分类运输单位成本计算按照每个地区的易腐垃圾量、易腐垃圾收运成本、其他垃圾产量以及其他垃圾收运成本折算，见表 2-5，村镇垃圾分类收集和运输的平均单位成本约为 148 元/t。M 镇、N 镇等地，由于其年产垃圾量低、自然村分布过于分散、运距较长等因素,吨垃圾投入成本较高。因此,分类收集和分类运输主要受到各地区地形、交通情况、垃圾产生量以及经济发展状况等因素的影响,占生活垃圾处理体系成本投资的很大一部分。

表 2-5 浙江省杭州市典型村镇分类收集和分类运输单位成本汇总表

街道(镇、乡)	分类收集和分类运输投入/万元	吨垃圾投入/元
B 街道	52.58	112.25
C 镇	35.08	115.68
D 镇	—	170.00
E 镇	13.21	144.59
F 乡	15.52	151.98
G 镇	26.77	164.15
H 镇	61.56	120.10
I 街道	19.08	170.32
J 镇	33.80	165.35
K 镇	50.64	146.87
L 镇	16.95	165.66
M 镇	29.27	181.59
N 镇	28.66	180.56
O 镇	12.54	128.98
P 街道	22.27	108.56
平均	29.85	148.44

2.5.3 分类处理成本

村镇垃圾分类是垃圾治理的基础,而垃圾治理的关键也是投入最多的部分——分类处理环节,这是实现生活垃圾减量化资源化无害化的关键步骤。村镇垃圾分类产生的易腐垃圾一般是进行就地减量处理,而其他垃圾主要运往垃圾焚烧厂进行处置。因此,其他垃圾处理费用主要取决于各市区统一规范。一般来说,焚烧处置方式成本较高,卫生填埋成本较低,但现阶段,为响应浙江省"零增长、零填埋"政策的号召，各大填埋场逐渐封场，未来其他垃圾处理将以焚烧为主，吨垃圾处理成本在150～180元。

村镇易腐垃圾处理成本，主要包括处理站点员工工资、设备电费以及设备折旧费等，尤其是设备运行过程能耗，是比选市场上门类众多的末端设施的重要指标。各村镇易腐垃圾资源化处理设备成本计算汇总情况见表2-6，折算后的易腐垃圾处理人员工资水平参差不齐，这与各类资源化技术及其运维难度直接相关，将在第3章展开分析。折算后易腐垃圾处理成本为307.49元/t，其中M镇成本高达662.05元/t，这主要有以下两个原因：①其技术核心为快速高温烘干，电加热设备24 h开启，能耗巨大；②M镇设备使用负荷率较低，一般而言，末端资源化设备的实际运行负荷越低，易腐垃圾单位分类处理成本越高。因此，末端易腐垃圾处理设施成本在村镇生活垃圾治理成本中占比较高，其受到运行规模、易腐垃圾组成、技术类型、设施设备适应性等多方面因素影响。根据普遍存在的易腐垃圾设备运行维护费用高的现状，后续在规划设计资源化站点时，应考虑共建共享共治，适度集中，合理选择设备处理规模和覆盖范围。

表 2-6 浙江省杭州市典型村镇易腐垃圾单位处理成本计算表 （单位：元/t）

地点	人员工资	水电费	设备折旧	易腐垃圾处理成本
A 街道	—	—	—	298.61
C 镇	—	—	—	292.24
D 镇	27.40	4.17	37.96	69.52
E 镇	44.38	100.09	62.47	206.94
F 乡	45.66	109.59	48.58	203.84
G 镇	82.19	164.38	78.08	324.66
H 镇	65.20	—	14.46	79.66
I 街道	164.38	100.20	177.85	442.43
M 镇	98.63	493.15	70.27	662.05
N 镇	172.60	109.59	78.08	360.27
O 镇	328.77	153.42	81.21	563.40
P 街道	30.14	65.07	91.10	186.30
平均	105.94	144.41	74.006	307.49

2.5.4　村镇垃圾分类处理综合成本分析

综合考虑宣传激励、分类基础设施（主要体现为对分类投放的影响）、分类收集与分类运输、分类处理各流程费用投入见图 2-3，村镇地区垃圾分类治理成本主要有以下特点。

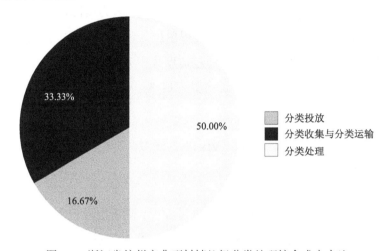

图 2-3　浙江省杭州市典型村镇垃圾分类处理综合成本占比

1）吨垃圾处理综合成本差异较大

各典型村镇生活垃圾处理的综合成本差异较大，从 340 到 670 元不等。以吨垃圾成本为评判标准，分类处理成本在垃圾处理综合成本中占比最大，达 55%～60%，这首先取决于所采取的资源化技术，同时也受到前端分类成效的影响，前端分类效果好，后端投入会显著减小。

2）推行垃圾分类后综合成本增加

在推行垃圾分类之前，村镇生活垃圾吨处理综合成本在 360 元左右。而实行垃圾分类后，每吨村镇生活垃圾处理的综合成本增加了 100 元左右，达到了 460元。综合成本的增加，主要原因是较之前的垃圾处理体系增加了易腐垃圾收运路线及资源化处理站点的相关投入。不过，在大量的易腐垃圾被分出，其经过资源化处理之后，生活垃圾实现减量，会很大程度上减少垃圾焚烧的相关费用。

3）人员薪酬占比相当高

分类处理成本占比 55%～60%，分类收集和分类运输成本占比 30%～35%，收运和处理过程都需要大量工作人员，每吨生活垃圾对应的人员薪酬达到 105 元左右，占到分类处理综合成本的 25%以上。这主要是因为资源化利用站点建设较为分散，处理能力小、服务范围也小，使得单位处理量人员工资投入很高，若能对资源化站点进行适当整合与规划，通过适度集中方式，增加资源化站点的处理能力并扩大服务范围，可有效降低综合处理成本。

2.6 小　　结

综上所述，在村镇垃圾分类大力推进过程中，随着财政投入的逐年增加，各类收运体系也在不断推陈出新，村镇生活垃圾分类参与率、投放正确率、易腐垃圾纯度及总量均将大幅上升，易腐垃圾的处理需求也随之释放，形成较大缺口。另外，从经济性分析的角度而言，易腐垃圾末端资源化处理成本在生活垃圾综合成本中占比最高，然而现阶段，市场上的易腐垃圾资源化技术参差不齐，缺少相关规范以及技术指南，导致在实际处理过程中，仍面临较大瓶颈。

因此，现阶段浙江省急需快速完善村镇易腐垃圾处理技术，畅通资源化出路，补短板，强弱项，打通资源化利用的"最后一公里"，为浙江省实现生活垃圾"零增长、零填埋、不出县"目标，打赢生活垃圾治理攻坚战，打造全国生活垃圾治理先行区，建设"重要窗口"提供技术支撑。

参 考 文 献

国家统计局. 2020. 2019 年《中国儿童发展纲要(2011—2020 年)》统计监测报告. [2021-01-10].

http://www.stats.gov.cn/tjsj/zxfb/202012/t20201218_1810128.html.

韩泽东, 李相儒, 毕峰, 等. 2019. 我国农村生活垃圾分类收运模式探究——以杭州市为例. 农业环境科学学报, 38(3): 688-695.

何品晶, 章骅, 吕凡, 等. 2014. 村镇生活垃圾处理模式及技术路线探讨. 农业环境科学学报, 33(3): 409-414.

李相儒. 2019. 农村易腐垃圾生物干化与腐熟工艺初探. 杭州: 浙江大学.

张恺. 2018. 浙江丘陵地带小城镇与生态空间的耦合特征及优化研究. 杭州: 浙江大学.

中华人民共和国住房和城乡建设部. 2020. 2019 年城乡建设统计年鉴. [2021-01-10]. http://www.mohurd.gov.cn/xytj/tjzljsxytjgb/index.html.

第3章
村镇易腐垃圾资源化处理技术模式与案例分析

2014 年起浙江省率先开展了村镇易腐垃圾分类减量化资源化处理试点工作。浙江省不断加强易腐垃圾资源化核心技术攻关,加快推进技术创新、模式创新以及路径创新,淘汰了部分不符合村镇易腐垃圾处理实际的技术,形成了生物强化腐熟、太阳能辅助堆肥、地埋式厌氧产沼等一系列可复制、可推广的,符合村镇发展实际和环保要求的易腐垃圾终端处理模式。截至 2019 年底,浙江省共建设村镇易腐垃圾资源化处理站点 5637 个,日处理量达到 9398.6 t,取得了显著成效。该处理模式可为浙江省乃至全国推进村镇生活垃圾分类减量化资源化工作、提升村镇人居环境质量提供了可借鉴的技术模式。

3.1　村镇易腐垃圾生物强化腐熟技术

3.1.1　主要工艺流程

村镇易腐垃圾生物强化腐熟技术主体工艺（图 3-1）由物料预处理系统（自动上料、纯化除杂、破碎匀质）、生物强化腐熟发酵系统（发酵槽体、层递式搅拌桨叶、好氧曝气系统、辅助加热系统、恒温控制模块等）、出料振动筛分系统、废水收集与处理系统、废气处理系统等部分组成。

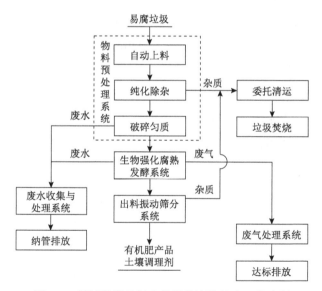

图 3-1　村镇易腐垃圾生物强化腐熟技术工艺流程

具体工艺运行过程如下。

（1）物料预处理系统：通过物料提升翻转系统后的村镇易腐垃圾先经过机械分选/人工除杂去除易腐垃圾中的石块、塑料、玻璃、金属、织物等杂质以实现生物质纯化，分选的杂质存放至其他垃圾暂存区待统一清运；纯化后的易腐垃圾再经破碎机进行破碎匀质处理，使物料粒径小于 50 mm；根据易腐垃圾物理特性进行挤压脱水或添加玉米芯、秸秆等添加剂，调节物料含水率至 65% 以下和碳氮比为 25～30，以便物料适于微生物好氧发酵；预处理过程产生的易腐垃圾渗滤液导入废水收集装置统一净化处理。

（2）生物强化腐熟发酵系统：易腐垃圾多级箱式生物强化腐熟发酵系统包含发酵槽体、层递式搅拌桨叶、好氧曝气系统、辅助加热系统、恒温控制模块等。物料进入该设备后，启动搅拌翻堆、通风曝气和外源加热，使易腐垃圾与微生物菌床搅拌均匀。设备配备的层递推流式结构可有效保证物料层递式推进，确保物料充分腐熟，不发生混料现象。通过调节温度、湿度、搅拌速度、曝气频率与时间等运行参数，利用红外温度探头实现物料发酵温度自动化控制，确保易腐垃圾物料堆体温度长时间保持在 55～60℃，在 10～15 d 的停留时间内实现物料一次腐熟，无须进行二次发酵，堆肥产品满足《生活垃圾堆肥处理技术规范》（CJJ 52—2014）和浙江省《农村生活垃圾分类处理规范》（DB33/T 2091—2018）所规定的 55℃达 5 d 以上的好氧堆肥无害化的基本要求。堆肥产品主要指标满足《有机肥料》（NY/T 525—2021）和浙江省《农村生活垃圾分类处理规范》（DB33/T 2091—2018）相关标准，含水率低于 30%，植物种子发芽指数大于 70%。该系统产生的少量渗滤液通过管道汇聚废水收集池中集中处理，废气通过抽风排气装置进入废气处理系统。

（3）出料振动筛分系统（分拣设施、出料系统）：出料振动筛分系统包括发酵槽搅拌桨叶、出料口和振动筛。待处理易腐垃圾物料腐熟后，开启出料口、搅拌桨叶和振动筛，物料从出料口自动出料，振动筛对物料进行筛分，其中腐熟完全的颗粒有机肥透过筛孔成为筛下物，塑料、金属和难降解的木质纤维素留在振动筛上成为筛上物，集中收集至其他垃圾暂存区统一清运。

（4）废水收集与处理系统：废水收集系统主要由固液分离废水收集装置、易腐垃圾生物发酵底部排水收集管道、生物热干燥水汽冷凝收集装置和废气处理废水收集装置等部分组成。上述装置中收集的废水再通过总管道引入废水收集池中，最后经泵抽取至垃圾渗滤液处理设备进行处理。废水处理系统主要采用多级厌氧好氧（anoxic oxic，AO）工艺、膜生物反应器（meane biological reactor，

MBR）等工艺，或采用多种工艺组合进行深度处理，出水水质满足《污水排入城镇下水道水质标准》（GB/T 31962—2015）或浙江省清洁直排标准《城镇污水处理厂主要水污染物排放标准》（DB 33/2169—2018），防止易腐垃圾处理过程中渗滤液的二次污染。

（5）废气处理系统：易腐垃圾预处理及生物强化腐熟过程伴生的 NH_3、H_2S、挥发性有机化合物（volatile organic compounds，VOCs）等恶臭气体通过抽风系统进入废气处理装置或经由冷凝塔进入废水处理设施。废气处理设施可采用化学洗涤、生物洗涤、物理吸附、光催化氧化等处理工艺，最终排放的废气满足《恶臭污染物排放标准》（GB 14554—1993）要求，避免空气污染和邻避隐患。

3.1.2　技术原理与优势

1. 技术原理

针对村镇生活垃圾分类产生的易腐垃圾具有高有机质、高含水等特性，本技术模式主要涵盖易腐垃圾分选预处理、脱水预处理和生物强化腐熟发酵等过程，在 10～15 d 的停留时间内实现易腐垃圾一次成肥资源化处理处置，无须进行二次堆肥处理。

分选预处理是指将易腐垃圾中各种可回收物质或不利于后续处理工艺要求的杂质组分适当地分离出来，分为手工分选和机械分选（赵立军，2013）。手工分选是指操作工人在转运站或处理中心的易腐垃圾转送带两侧人工去除易腐垃圾中的石块、塑料、玻璃、金属、织物等杂质以实现生物质纯化。机械分选包括筛分、风选、浮选、磁选等，易腐垃圾的机械分选主要采用滚筒筛和振动筛，借助离心惯性力使筛（筒）箱产生振动脱除杂质以实现易腐垃圾纯化。纯化后的易腐垃圾通过破碎机进行破碎匀质处理，使之粒径小于 50 mm。

脱水预处理是指将易腐垃圾通过输送螺旋推向压榨螺旋，随着压榨螺旋的螺距减小和轴径增大，在筛壁和锥形体阻力的作用下，使易腐垃圾所含的液体被挤压出（张艳辉等，2019）。挤出的液体透过滤布或滤网，集中在接汁斗中。

此外，生物强化腐熟发酵反应仓可实现脱水功能，该反应仓伴有机械搅拌、通风曝气、抽风、外源辅热等辅助措施，一方面可借助热源气体与易腐垃圾直接接触携带水汽实现脱水；另一方面可利用（耐高温）好氧微生物菌群代谢产生的生物热促进物料水分从结合水向自由水转化以及促进表面自由水蒸发，借助气流从设备中脱除。

好氧堆肥是指在受控的有氧条件下，好氧微生物通过代谢活动将易腐垃圾中丰富的有机物氧化为简单的无机物和转化为供生长繁殖的细胞物质，并释放出生物生长、活动所需的能量，同时产生稳定的腐熟化产品的过程（Lin et al., 2018; 李相儒，2019）。生物强化腐熟发酵是指在好氧堆肥的基础上，借助生物强化腐熟反应设备配备的通风曝气、机械搅拌、抽风和外源辅热等辅助措施联动效应，为好氧微生物提供充足的氧气和合理的温湿度环境，有助于好氧发酵微生物快速生长，强化微生物分解代谢活性，将非均相有机质高效转化为稳定腐殖质、二氧化碳和水（Xin et al., 2020）。该技术综合运用生化反应动力学、微空气动力学、水热动力学与水分形态学原理，通过温湿度控制和均匀曝气供氧，强化耐高温微生物菌群自身生长代谢活动；同时，易腐垃圾中丰富的营养成分有效保障微生物高酶活性，在微生物菌群和各类酶的共同作用下，将易腐垃圾中的有机物进行快速有氧分解，产生腐殖质、二氧化碳和水，并释放大量生物热。经 55～60℃、10～15 d 微生物快速发酵腐熟，易腐垃圾最终转化为富含 N、P 和腐殖质等养分的腐熟化优质肥料/基质/土壤改良剂，无须二次成肥，实现易腐垃圾减量资源化。

2. 技术优势

村镇易腐垃圾生物强化腐熟技术设备集成了有机垃圾匀质进料、层递式高温腐熟、生物强化腐熟和臭气高效净化四大核心技术。整个技术模式在缩短易腐垃圾成肥处理周期、提升产品品质和无害化程度、降低二次污染防治风险等方面具有明显技术优势，主要体现如下。

（1）减量资源化效果明显，处置周期短。相比于传统好氧堆肥、厌氧产沼和生物蛋白转化等资源化处理技术，该技术具备处置周期短、效率高、减量资源化效果明显等技术优势。易腐垃圾可在 10～15 d 内被转化为腐熟化的有机肥料或土壤调理剂，产品品质满足《有机肥料》（NY/T 525—2021）指标要求，其中产品含水率低于 30%，易腐垃圾减量率可达 95%以上。

（2）智能化机械化水平高，人工成本低。易腐垃圾生物强化腐熟设备采用全密闭一体化机器快速成肥形式，配备称重、筛分、破碎、匀质、脱水等功能，仅在物料分拣和垃圾转运过程需要少许人力，人工成品较低。该设备配备中央智能控制单元，可实现一键式控制机械搅拌、通风曝气、保温和辅热强度，操作简单。此外，该设备还配备了数据记录以及过载保护系统，安全可靠。

（3）配置过热保护系统，运行能耗低。该设备配备智能加热系统、过热保护装置和恒温控制装置，充分利用生物质降解释放的生物热，能自动维持堆肥过程合理温度，长期保持主发酵温度范围值 55～60℃，严格避免 70℃以上高温加热干燥的方式，比能耗低［＜70（kW·h）/t 垃圾］，是同类产品的 1/3～1/2，适宜在广大农村及乡镇进行推广，减少过度电量消耗。

（4）产品品质高，无害化程度高。易腐垃圾生物强化腐熟反应设备采用层递式快腐熟技术，在 55～60℃范围内堆肥主发酵周期 10～15 d，无须二次发酵，易腐垃圾好氧堆肥后产物主要指标可达到《有机肥料》（NY/T 525—2021）和浙江省《农村生活垃圾分类处理规范》（DB33/T 2091—2018）相关标准，含水率低于 30%，产品腐熟程度高，植物种子发芽指数＞70%。此外，堆肥过程满足《生活垃圾堆肥处理技术规范》（CJJ 52—2014）和浙江省《农村生活垃圾分类处理规范》（DB33/T 2091—2018）所规定的 55℃达 5 d 以上的堆肥发酵无害化的基本要求，避免新老物料混合出料，防止部分新鲜物料刚投入即排出，保证易腐垃圾物料的充分微生物发酵腐熟和无害化。

3.1.3　适用范围

（1）规模适应性：村镇易腐垃圾生物强化腐熟技术可形成 0.2～10 t/d 的处理量规模，可覆盖 5000～30000 人的地区范围，广泛适用于小区/自然村、社区/行政村、乡镇街道，可构建适用于单个村庄的分布式处理站点和多村联建适度集中式处理站点。

（2）物料适用性：村镇易腐垃圾生物强化腐熟技术适用于资源化处理厨余垃圾、餐厨垃圾、农贸市场垃圾及农林有机废弃物等易腐垃圾。待处理易腐垃圾需经过纯化除杂、匀质破碎、挤压脱水等预处理后，方可进入生物强化腐熟设备内深度处理。设备物料适应性强，可实现 24 h 全天候连续进料运行；设备运行能耗低，吨易腐垃圾成肥运行比能耗≤70（kW·h）/t_垃圾；发酵产品腐熟与减量程度高，易腐垃圾经 55～60℃、10～15 d 好氧生物强化发酵，出料产物主要质量指标可达《有机肥料》（NY/T 525—2021）和浙江省《农村生活垃圾分类处理规范》（DB33/T 2091—2018）相关标准，含水率低于 30%，植物种子发芽指数＞70%，易腐垃圾减量率高达 95%以上。

3.1.4　产品质量与出路

村镇易腐垃圾生物强化腐熟处理设备主发酵过程满足《生活垃圾堆肥处理技术规范》（CJJ 52—2014）所规定的"温度大于 55℃达 5 d 以上"无害化处理要求。成肥产品品质满足浙江省《农村生活垃圾分类处理规范》（DB33/T 2091—2018）和《有机肥料》（NY/T 525—2021）标准要求，即有机质的质量分数（以烘干基计）不小于 30%，含水率低于 30%，植物种子发芽指数不小于 70%。目前，成肥产品可用作有机肥料和土壤调理剂，免费供农户和园林绿化使用，也可进一步加工制成土壤改良剂、苗木基质、有机无机复合肥和专用有机肥等。

3.1.5　经济效益分析

村镇易腐垃圾生物强化腐熟资源化处理是将易腐垃圾进行纯化除杂、匀质破碎和脱水等预处理后，通过生物强化腐熟发酵系统进行处理，收获高附加值的土壤调理剂或有机肥料的资源化处理过程。

整套模式站点建设与主体生物强化腐熟设备购置成本为 10 万～50 万元/t_垃圾；运行成本包括且不限于设备运维费用、员工薪酬、电费、设施折旧费用、药剂和菌剂费用等添加剂费用、废气净化与废水处理等技术费用、排污费用等。以处理量为 3～5 t/d 的某中小规模处理站点为例，主要经费投入如下：①整体设备运行比能耗为 70 （kW·h）/t$_{垃圾}$，电费按照 0.65 元/（kW·h）计算，该设备耗电在 45～55 元/t$_{垃圾}$；②废水产生量为 0.2～0.3 t/t$_{垃圾}$，则废水处理费用为 25～40 元/t$_{垃圾}$；③配备操作工 2～3 人，每人每月平均 3000～3500 元；④其他费用，如菌剂药剂等添加剂费用、设备维修和零部件更换费用等。以上各类成本均视地区经济发展水平略有差异。

该模式主要收益如下：产品制成土壤调理剂和有机肥料所获收益或补贴。然而，由于缺乏易腐垃圾资源化产物在园林绿化、还林还田和农业利用标准以及土地安全利用方面的相关标准规范，有机肥料等资源化产物利用受阻，出路困难，严重制约了村镇易腐垃圾肥料化利用技术的发展和推广应用。由于该模式具有资源化前景及环保性质，可获得一定政府补贴，以维持项目长期稳定运营，补贴强度视所在地区经济发展水平及对垃圾处理处置重视程度略有差异。

综上，村镇易腐垃圾生物强化腐熟资源化处理技术前期建设吨垃圾成本相对较高，但运行过程成本可控制在较低水平。目前，设施设备维持运营主要依托政府补贴，待后续打通易腐垃圾资源化产品土地利用途径后，总体经济效益将有较大提升空间。

3.1.6　技术瓶颈

目前，村镇易腐垃圾生物强化腐熟技术在实际推广应用过程中，主要的技术瓶颈为：易腐垃圾分类纯度低，成肥产品肥效品质差；恶臭污染防治设施配套不齐全，净化处理设备和技术相对落后；部分成肥产品腐熟度偏低、盐分和油脂含量较高；缺乏相应土地利用和安全施用标准，成肥产品出路难等瓶颈问题。

（1）易腐垃圾分类纯度低，成肥产品杂质含量超标。生物强化腐熟设备收纳进料垃圾应为高纯度易腐垃圾。然而，村镇易腐垃圾分类质量参差不齐，易腐垃圾中容易混入塑料、金属、织物等不可腐烂成分以及植物纤维（秸秆），极易导致设备在运行过程中发生缠绕、卡死等严重问题，容易损坏分选、破碎设备，增加后期维修运维频率，严重影响垃圾后续的减量资源化处理效率，造成产品杂质含量超标，需要二次分拣和筛分。

（2）恶臭污染防治设施配套不齐全，净化处理设备和技术落后。个别村镇易腐垃圾生物强化腐熟资源化过程中产生的 NH_3、H_2S 和 VOCs 等恶臭气体随意排放进入大气或仅采用简易活性炭吸附和水喷淋吸收法，除臭效果差，难以满足《恶臭污染物排放标准》（GB 14554—1993）的要求，严重影响厂界周边空气环境，引起居民群众的不满和邻避矛盾。

（3）部分成肥产品腐熟度偏低、盐分和油脂含量较高。目前农村对易腐垃圾分类认知存在差异，部分地区将餐厨垃圾与厨余垃圾和农贸市场生鲜垃圾混合收运处理，采用本技术进行资源化处置往往会造成发酵过程不稳定、处理产物腐熟度指标不达标。此外，餐厨垃圾的混入会导致资源化产物盐分和油脂含量明显升高、污水处理管道堵塞等问题。

（4）缺乏相应土地利用和安全施用标准，成肥产品出路难。目前，由于缺乏资源化产物园林绿化、还林还田和农业利用标准以及土地安全利用的相关标准规范，有机肥料等资源化产物利用受阻，出路困难，严重制约了城乡易腐垃圾肥料化技术发展和推广应用。因此，急需编制出台易腐垃圾资源化产物园林绿化、农业利用和土壤安全评估等相关标准，提出易腐垃圾资源化产物肥料化利用风险管控阈值，鼓励有机肥绿色采购、绿色回收策略落实，解决浙江省乃至我国其他省份普遍面临的易腐垃圾处理产物资源化途径不畅的难题，为打通易腐垃圾资源化产品土地利用途径提供技术和政策。

3.1.7 三废处理

村镇易腐垃圾生物强化腐熟技术在预处理分选除杂阶段会分拣出塑料、金属、织物等不可腐烂成分，在破碎匀质和生物强化腐熟阶段会产生一定的垃圾渗滤液，同时在垃圾转运、破碎匀质、生物强化腐熟过程中也会有 NH_3、H_2S 等恶臭气体挥发。因此，急需对村镇易腐垃圾生物强化腐熟资源化处理全流程产生的废水、废气以及固废进行收集处理，以控制二次污染。

（1）废水处理：废水收集系统主要由固液分离废水收集装置、垃圾生物发酵底部排水收集管道、生物热干燥水汽冷凝收集装置和废气处理废水收集装置等部分组成。上述装置中收集的废水通过总管道引入到废水收集池中，最后经泵抽取至垃圾渗滤液处理设备或由密封槽罐车运输至城镇污水处理厂进行净化处理。目前，渗滤液废水处理往往采用厌氧生物滤池、多级 AO、MBR 等常见工艺，或采用多种工艺组合进行深度处理。出水水质满足《污水排入城镇下水道水质标准》（GB/T 31962—2015）中的规定，可纳入管网。出水水质应满足浙江省清洁直排标准《城镇污水处理厂主要水污染物排放标准》（DB 33/2169—2018），可直接达标排放。

（2）废气处理：村镇城乡易腐垃圾生物强化腐熟资源化处理过程中挥发的 NH_3、H_2S 和 VOCs 等恶臭气体通过抽风机，经由集气管道进入废气处理设施或经由冷凝塔进入废水处理设施。废气处理设施可采用光催化及喷淋塔工艺，首先采用植物液等功能化离子液体吸收剂通过多段式淋滤实现对 NH_3、H_2S 和 VOCs 的靶向富集；然后使用高能紫外线光束照射、催化剂的氧化反应等将有机或无机高分子恶臭化合物降解成低分子化合物；最后经酸/碱液洗涤分别去除废气中残留的碱性和酸性气体，净化后废气满足《恶臭污染物排放标准》（GB 14554—1993）的要求，实现达标排放。

（3）固废处理：主要固体废物有垃圾分拣处理环节中筛分出的其他垃圾和无法被微生物降解的杂质。村镇易腐垃圾生物强化腐熟设备产生的筛上物一部分作为回料与易腐垃圾一起进入设备，多余的筛上物运送至垃圾中转站经压缩后外运。

3.1.8　典型案例分析

案例名称：杭州市余杭区××镇厨余垃圾处理项目［2 t/d，图 3-2（a）］；衢州市衢江区××镇厨余垃圾处理项目［5 t/d，图 3-2（b）］；宁波市鄞州区××镇生活垃圾分类减量综合体项目［10 t/d，图 3-2（c）］。

处理对象：易腐垃圾（主要为厨余垃圾和农贸市场生鲜垃圾）。

处理规模：2~10 t/d。

(a)　　　　　　　　　　　　　　　　　(b)

(c)

图 3-2　各案例易腐垃圾生物强化腐熟设备实景图

项目简介：经专用收集车清运至垃圾中转站的易腐垃圾，进入破碎匀质系统实现垃圾的破碎匀质，有机垃圾破碎粒径为 30~50 mm，对于直径≥120 mm 的玻璃、金属等重物质可实现自动分选去除，无须人工二次分拣；经破碎匀质的易腐垃圾通过提升装置进入设备内，通过调节温度、湿度、搅拌速度、曝气频率与时间等运行参数，保证易腐垃圾完全腐熟；当易腐垃圾物料腐熟后，通过振动筛对物料进行筛分，筛上物可供回料接种底物，由此完成对垃圾物料的自动分拣和出料，无须人工二次分拣。目前产出肥料（图 3-3）满足《有机肥料》（NY/T 525—2021）和浙江省《农村生活垃圾分类处理规范》（DB33/T 2091—2018）要求，主要作为有机肥料和土壤改良剂，免费供农户和园林绿化使用。

工艺特点： 当易腐垃圾物料进入设备后，物料发酵 55～60℃，停留时间 10～15 d，实现完全腐熟，垃圾设备堆肥满足《生活垃圾堆肥处理技术规范》（CJJ 52—2014）所规定的"主发酵温度大于 55℃达 5 d 以上"等处理要求；发酵设备中的臭气通过抽风机，经由集气管道进入废气处理装置，通过物理化学及生物过滤协同处理废气，最终保证厂界大气满足《恶臭污染物排放标准》（GB 14554—1993）的要求；废水收集系统主要由固液分离废水收集装置、垃圾生物发酵底部排水收集管道、生物热干燥水汽冷凝收集装置和废气处理废水收集装置等部分组成。上述装置中收集的废水再通过总管道引入废水收集池中，最后经泵抽取至垃圾渗滤液处理设备进行处理，出水达到《生活垃圾填埋场污染控制标准》（GB 16889—2008）的相关标准。

图 3-3　生物强化腐熟设备制出的肥料产品

3.2　村镇易腐垃圾高温脱水二次堆肥处理技术

3.2.1　主要工艺流程

村镇易腐垃圾高温脱水二次堆肥处理技术主体工艺（图 3-4）由物料预处理系统［包括纯化除杂、破碎匀质、（强压）脱水等］、自动进料系统、高温脱水系统（包括搅拌翻堆、强制曝气、高温加热、温湿度调控等）、自动出料及分选除杂系统、二次堆肥系统、废水处理系统及废气处理系统等组成。

具体工艺运行过程如下。

（1）物料预处理系统：村镇易腐垃圾经分类清洁直运车收运至垃圾处理站后，桶装易腐垃圾先自动称重，通过机械分选/人工除杂去除石块、塑料、玻璃、金属、织物等杂质以实现生物质纯化，分选的杂质存放至其他垃圾暂存区后统一清运；纯化后易腐垃圾再通过破碎机进行破碎匀质处理，使粒径小于 50 mm；然后通过螺旋挤压、离心等脱水方式脱除易腐垃圾表面自由流动水，脱除的水分进入废水收集装置统一净化处理。

（2）自动进料系统：经纯化除杂、匀质破碎和机械脱水预处理后的易腐垃圾借助带式传送机或螺旋传送机、自动提升设备和自动倾倒或卸料装置转运至高温机器脱水系统中。

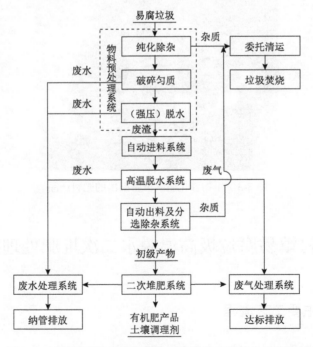

图 3-4　村镇易腐垃圾高温脱水二次堆肥处理技术工艺流程

（3）高温脱水系统：易腐垃圾经自动进料系统传送至高温机器脱水设备后，启动搅拌翻堆和高温加热系统，将易腐垃圾搅拌均匀，快速升温至 80℃以上；配备的通风曝气和抽风系统定时启动，辅助高温加热系统，在 12～48 h 内快速烘干/脱除物料水分，使物料含水率普遍降至 60%以下。该系统产生的少量渗滤液进入废水收集池中集中处理，废气通过排气装置进入废气处理系统。

（4）自动出料及分选除杂系统：高温脱水后物料经自动出料传送/导轨装置转运至出料平台，再经振动筛进行物料筛分除杂，筛上物为大颗粒杂质，收集至其他垃圾暂存区统一清运，筛下物为初级产物，用于二次堆肥制备高附加值有机肥料或土壤调理剂。

（5）二次堆肥系统：经高温机器脱水过程后的初级产物进行二次堆肥处理后方可实现资源化利用。在二次堆肥过程中，适时进行通风曝气和搅拌翻堆等辅助措施，以调节堆体含水率、温度和堆体内部氧气浓度，维持好氧微生物生长代谢最适条件，确保好氧堆肥稳定进行；同时，也可在二次堆肥初期接种微生物菌剂或添加腐熟的堆肥物料、畜禽粪便以调节碳氮比和强化易腐垃圾降解过程。二次堆肥周期一般为 7～15 d，主发酵温度大于 55℃达 5 d 以上或大于 65℃达 4 d 以上。二次堆肥后产品基本腐熟，可用作土壤调理剂或有机肥。

（6）废水处理系统：破碎匀质、（强压）脱水和高温脱水过程产生的少量渗滤液通过管道引入废水收集池中，再经泵抽取至废水处理设施进行集中处理。废水处理主要采用多级 AO 和 MBR 等常见工艺，或采用多种工艺组合进行深度处理，处理出水水质应满足《污水排入城镇下水道水质标准》（GB/T 31962—2015）或浙江省清洁直排标准《城镇污水处理厂主要水污染物排放标准》（DB 33/2169—2018）。

（7）废气处理系统：易腐垃圾预处理及高温机器脱水处理过程伴生的 NH_3、H_2S、VOCs 等恶臭气体通过抽风机经由集气管道进入废气处理设施或经由冷凝塔进入废水处理设施。废气处理设施可采用化学洗涤、生物洗涤、物理吸附、光催化等处理工艺，最终保证气体满足《恶臭污染物排放标准》（GB 14554—1993）的要求后排放到大气中，避免空气污染和邻避效应问题。

3.2.2 技术原理与优势

1. 技术原理

针对村镇生活垃圾分类产生的易腐垃圾具有高有机质、高含水等特性,本模式主要对其进行(强压)脱水、高温脱水和二次堆肥处理。首先对易腐垃圾进行分选除杂和匀质破碎预处理,之后大部分处理站点会补充强压、挤压脱水等物理环节,将易腐垃圾自由流动水以渗滤液形式脱除,减少高温脱水时间和能量消耗。高温机器脱水设备主要借助外源加热蒸发水分的手段,将易腐垃圾含水率在 $12 \sim 48$ h 快速降至 $55\% \sim 60\%$,以调整至后续二次堆肥过程需求的含水率。二次堆肥以太阳能辅助堆肥或传统静态堆置为主,一般在 $7 \sim 15$ d 的堆肥周期内实现易腐垃圾腐熟,转化为土壤调理剂或有机肥料。

(强压)脱水是指将易腐垃圾通过输送螺旋推向压榨螺旋,随着压榨螺旋的螺距减小和轴径增大,在筛壁和锥形体阻力的作用下,使易腐垃圾所含的液体被挤压出的过程(孔鑫等,2020)。挤出的液体透过滤布或滤网,集中在接汁斗中。压榨后的固渣经筛筒末端与锥形体之间排出体外,从而达到易腐垃圾脱水的目的。

高温脱水是指借助热源气体与易腐垃圾直接接触携带水汽实现脱水的方式(李春萍等,2016)。一方面通过加热设备快速升温至 $80℃$ 以上,少部分设备温度甚至高达 $100℃$,以实现物料水分从结合水向自由水转化及表面自由水蒸发;另一方面随着机器内部环境温度的升高,鼓入空气温度随之升高,导致空气流携水能力显著提升,有助于水汽快速脱除,在 $12 \sim 48$ h 的较短时间内将易腐垃圾转化为含水率为 $55\% \sim 60\%$ 的初级产物,以便后续二次堆肥资源化处理。

二次堆肥主要采取好氧堆肥工艺,即在通风曝气和搅拌翻堆等辅助措施下,有游离氧存在时进行的分解发酵过程,包括条垛堆肥、简易堆置、阳光房堆肥等多种途径,其中以太阳能辅助好氧堆肥为主,即一种以太阳能辐射产生的光能转化为热能,并将其用作辅助能量来源,耦合微生物菌群自身生长代谢产生的生物热,有效提高阳光房内物料发酵的相对环境温度,增强新鲜物料中微生物活性并维持无害化温度,从而实现堆体快速进入发酵状态、物料腐殖化程度高的好氧堆肥工艺（赖亚萍，2017）。二次堆肥周期一般为 7～15 d，堆肥后产品基本实现物料腐熟，可用作土壤调理剂或有机肥。

2. 技术优势

村镇易腐垃圾高温脱水二次堆肥处理技术将易腐垃圾预处理、高温机器脱水和二次堆肥有机结合在一起，通过机械分选、脱水等预处理实现易腐垃圾多相分离，通过高温机器设备配备的通风曝气、搅拌翻堆和外源辅热措施快速脱除易腐垃圾水分、促进有机质降解形成较低含水率（55%～60%）的初级产物，最后初级产物经二次堆肥后充分实现无害化处理和基本腐熟。整个技术模式在缩短易腐垃圾处理周期、提升堆肥产品肥效等方面具有明显技术优势，主要体现在如下方面。

（1）减量化效果明显，处置周期相对较短。该技术模式可先将易腐垃圾在 12～48 h 内快速脱水转化为含水率为 55%～60% 的初级产物，再经 7～15 d 的二次堆肥实现物料基本腐熟，整个处置周期为 8～17 d。相比于厌氧产沼和生物蛋白转化等资源化处理技术，村镇易腐垃圾高温脱水二次堆肥处理技术具备减量化效果明显，处置周期相对较短的技术优势。

（2）高温机器脱水速度快，二次成肥产品质量高。相比于传统太阳能辅助堆肥，机器脱水设备搅拌混合充分、供氧充足，能够大幅脱除易腐垃圾水分，缩短水分脱除周期，获得有机质含量普遍高于 75%、含水率为 55%～60% 的初级产物。该初级产物的含水率和有机质含量处于二次堆肥的理想需求值。一般地，初级产物需要经历 7～15 d 的好氧堆肥过程，合理的通风、曝气和翻堆有助于易降解有机物质的降解和物料的腐熟，进而提高产品肥效和无害化程度。

（3）智能化水平高，人工成本相对较低。该易腐垃圾处理设备机械化、自动化、智能化水平相对较高，只在物料分拣、垃圾转运和设备维护过程中需要少许人力，人工成本较低。市面上的高温机器脱水设备操作简单，可实现机械搅拌和曝气通风的自动控制，设备升温速率快，保温效果好。此外，部分机器脱水设备配备自动称重、数据储存和过载保护等功能。

（4）进出料灵活，适合一镇一点或多村一点。相比于厌氧产沼和生物蛋白转化处理工艺，村镇易腐垃圾减量资源化处理技术模式占地面积相对小，停留时间短，进出料灵活，可形成 300～5000 kg/d 的处理量规模，充分适应一镇一点或多村一点建设模式。此外，该技术对进料适应性强，可处理经垃圾分类后的剩菜剩饭、菜叶果皮、作物秸秆和枯枝落叶等，只需达到分类标准均可采用本技术进行减量处理。

3.2.3　适用范围

（1）规模适应性：村镇易腐垃圾高温脱水二次堆肥处理技术可形成 300～5000 kg/d 的处理量规模，覆盖人口 1000～10000 人的地区范围，适合一镇一点或多村一点模式，以及适用于居住小区、学校、餐饮商业区、菜市场等易腐垃圾产生量相对集中，产量相对稳定（通常为 300～5000 kg/d）的地区。

（2）物料适用性：村镇易腐垃圾高温脱水二次堆肥处理技术适用于农村生活垃圾分类产生的易腐垃圾（包括厨余垃圾、农贸市场生鲜垃圾、餐饮垃圾、菜叶果皮、作物秸秆和枯枝落叶等）的减量资源化。高含水率（＞70%）的易腐垃圾经机械分选、破碎匀质等预处理操作后进入高温机器脱水设备进行周期为 12～48 h 的高热处理，获得含水率为 55%～60% 的初级产物，再将初级产物进行周期为 7～15 d 的二次堆肥，使其转化为高腐熟度的有机肥产品，理论上可达到《有机肥料》（NY/T 525—2021）和浙江省《农村生活垃圾分类处理规范》（DB33/T 2091—2018）的相关标准，植物种子发芽指数理论上可达 70% 以上。

3.2.4　产品质量与出路

易腐垃圾先经 12～48 h 高温机器脱水处理成初级产品，该初级产品品质无法达到《有机肥料》（NY/T 525—2021）和浙江省《农村生活垃圾分类处理规范》（DB33/T 2091—2018）相关标准。此外，初级产品的植物种子发芽指数一般低于10%，无法作为土壤调理剂和有机肥料使用。因此，必须将初级产品进行二次堆肥等制成高肥效的有机肥料。整套技术处理后的终产物品质基本上能够满足《有机肥料》（NY/T 525—2021）和浙江省《农村生活垃圾分类处理规范》（DB33/T 2091—2018）的相关标准，植物种子发芽指数高于 70%。目前，以厨余垃圾、农贸市场生鲜垃圾、餐饮垃圾、菜叶果皮、作物秸秆和枯枝落叶等为原料二次成肥产物主要作为土壤调理剂，免费供农户和园林绿化使用，也可进一步加工制成土壤改良剂、有机复合肥、无机复合肥和专用有机肥等。以餐饮垃圾为主料的二次堆肥产物则需检测物料含盐量、含油量等安全性指标后方能用于农田土壤。

3.2.5 经济效益分析

村镇易腐垃圾高温脱水二次堆肥处理技术将易腐垃圾进行纯化除杂、匀质破碎预处理后，通过高温机器脱水处理收获初级产品，再经二次堆肥获得高质量土壤调理剂或高肥效有机肥料，形成"易腐垃圾—初级产品—高温脱水—二次堆肥—土壤调理剂/有机肥"的生态链模式。

整套模式的前期建设投资较大，土地购置费、二次成肥场地建造费、预处理及高温机器脱水设备购置成本为 10 万～100 万元/（t$_{垃圾}$·d）；运行成本包括且不限于预处理设施、高温机器脱水设备及二次成肥设施运行维护费用，二次污染防治设施技术费用，电费，药剂和菌剂费用、设备折旧费用以及员工薪酬等。以日处理量为 3～5 t/d 的某中小规模处置站点为例，主要经费投入如下：①高温机器脱水设备比能耗为 150～250（kW·h）/t$_{垃圾}$，电费按照 0.65 元/（kW·h）计算，该设备耗电在 97.5～162.5 元/t$_{垃圾}$；②废水产生量为 0.2～0.3 t/t$_{垃圾}$，则废水处理费用为 25～40 元/t$_{垃圾}$；③配备操作工 2～3 人，每人每月平均 3000～3500 元；④其他费用，如菌剂、药剂等添加剂费用、设备维修和零部件更换费用等。

该模式主要收益如下：二次成肥后获得的土壤调理剂或有机肥料产出获得收益。然而，由于缺乏资源化产物园林绿化、还林还田和农业利用标准以及土地安全利用的相关标准规范，有机肥料等资源化产物利用受阻，出路困难，现阶段难以实现盈利，严重制约了村镇易腐垃圾高温脱水二次堆肥处理技术推广应用。由于该项目具有资源化及环保属性，可获得一定政府补贴，以维持项目长期稳定运营，视所在地区经济发展水平及对垃圾处理处置重视程度略有差异。

综上，村镇易腐垃圾高温脱水二次堆肥处理技术前期建设投资成本较高，由于采用高温蒸发脱水工艺，能耗相对较高，运行成本也较高。目前，设施设备维持主要依托政府补贴，但其二次堆肥产品符合资源化产品要求，待后续打通易腐垃圾资源化产品土地利用途径后，总体经济效益有较大提升空间。

3.2.6　技术瓶颈

目前，村镇易腐垃圾高温脱水二次堆肥处理技术在实际应用过程中，各站点主要通过高温机器脱水阶段快速获得高品质有机肥料或土壤调理剂。然而，绝大部分的初级产品无害化程度弱，产品品质不达标。因此，二次堆肥成为转化初级产品为高品质有机肥料或土壤调理剂的重要途径。整套资源化处理技术仍旧面临如下瓶颈问题。

（1）对收纳垃圾物料纯度要求较为苛刻。高温机器脱水设备收纳进料垃圾要求必须为高纯度易腐垃圾。然而，现阶段，村镇易腐垃圾分类质量参差不齐，分类后易腐垃圾中容易混入塑料、金属、织物等不可腐烂成分以及植物纤维（秸秆）等，极易导致设备在运行过程中发生缠绕、卡死甚至死机等严重问题，容易损坏分选、破碎设备，增加后期维修运维频率，严重影响垃圾后续的减量资源化处理效率，造成产品杂质含量严重超标。

（2）高温机器脱水设备依托电加热，运行能耗相当高。反应器内蒸汽弥漫，主体温度普遍在 80℃以上，有些甚至高达 100℃，主要依托外源加热实现易腐垃圾物料的水分蒸发脱除。运行比能耗高达 150～250 （kW·h）/t 垃圾。此外，设备整体高能耗易引发不可持续运行等原因，导致设备闲置与摆设现象相当严重。

（3）采用高温烘干脱水，初级产品无害化程度低。尽管 12～48 h 短周期高温机器脱水设备的主机烘干温度在 80℃以上，有些甚至高达 100℃，但由于物料热传质效果差，12～48 h 无法绝对杀灭病原微生物，产物难以满足《生活垃圾堆肥处理技术规范》（CJJ 52—2014）和浙江省《农村生活垃圾分类处理规范》（DB33/T 2091—2018）所规定的 55℃达 5 d 以上的堆肥发酵无害化的基本要求。此时，高温机器脱水主体设备本质上为一个烘箱，仅仅起到水分蒸发、浓缩有机质的作用，物料几乎没有经过微生物好氧发酵过程。

（4）高温脱水初级产物不腐熟，必需二次堆肥处理。经 12～48 h 短周期高温烘干设备产生的初级产品腐熟度不合格，种子发芽率极低，一般在 0%～10%。这些产品被误认为具有农田施用价值，一旦施用于农田土壤，则往往严重影响土壤质量、阻碍植物正常生长，造成减产，具有严重的垃圾污染转移风险和暴雨径流面源污染风险。因此，高温脱水初级产物必须经过微生物好氧堆肥发酵腐熟后才能使用。此外，这种 "N+1" 点的模式，由于点位布置多、分散，往往存在邻避隐患和管理成本高等问题。

3.2.7　三废处理

村镇易腐垃圾高温脱水二次堆肥处理技术在预处理分选除杂阶段会分拣出塑料、金属、织物等不可腐烂成分，在破碎匀质、挤压脱水、高温脱水及二次堆肥阶段会产生一定的垃圾渗滤液，同时在垃圾转运和二次堆肥中也会有 NH_3、H_2S、VOCs 等恶臭气体挥发。因此，必须对村镇易腐垃圾高温脱水二次堆肥处理过程产生的废水、废气以及固废进行收集处理，以防止二次污染。

（1）废水处理：该技术废水收集系统主要由高温机器脱水设备渗滤液收集装置、二次成肥过程反应堆体底部渗滤液排水收集管道等部分组成。具体处理方式如下：①采用密封槽罐车运输，将废水送至城镇污水处理厂集中处理；②采用厌氧生物滤池、多级 AO、MBR 等常见工艺，或采用多种工艺组合直接进行废水深度处理，处理出水水质满足《污水排入城镇下水道水质标准》（GB/T 31962—2015）中的规定，方可纳入管网；出水水质满足浙江省清洁直排标准《城镇污水处理厂主要水污染物排放标准》（DB 33/2169—2018），可直接外排。

（2）废气处理：易腐垃圾高温脱水二次堆肥资源化过程中挥发的 NH_3、H_2S、VOCs 等恶臭气体通过抽风机，经由集气管道进入废气处理设施或经由冷凝塔进入废水处理设施。废气处理设施可采用光催化及喷淋塔等工艺处理，最终保证厂界大气满足《恶臭污染物排放标准》（GB 14554—1993）的要求，实现达标排放。

（3）固废处理：主要固体废物为垃圾分拣处理环节中筛分出的其他垃圾，部分塑料、金属等可回收物可进行回收出售，其余部分可直接在中转站完成压缩处理，然后集中运送至生活垃圾焚烧厂进行焚烧发电。

3.2.8 典型案例分析

案例名称：金华市××农村生活垃圾分类处理项目（图3-5）。

图3-5 金华市××农村生活垃圾分类处理站示意图

处理对象：易腐垃圾（厨余垃圾和餐厨垃圾）。

处理规模：2~3 t/d。

项目简介：该案例分散式布设小型资源化处理站点（2~3 t/d），共建设21个农村生活垃圾协同处置绿色发展基地，覆盖该市80余个农村，服务人口约22.9万人，年处理易腐垃圾近6.8万t。

工艺特点：该技术集易腐垃圾预处理与高温脱水于一体（图3-6），成套化设备由自动称重提升系统、粉碎系统、自动脱水系统、PLC智能控制系统、废气处理系统等基础模块组成，并根据原料筛分和污水处理等配套技术模块作为支撑。通过模块化设计解决了传统的设备维修难、保养难等问题，方便检修，同时降低运维成本。整套机器成肥设备内产生的臭气通过抽风机，经由集气管道进入废气处理装置，通过活性炭吸附耦合紫外光解技术处理废气，最终保证排出气体满足《恶臭污染物排放标准》（GB 14554—1993）的要求。二次堆肥恶臭产生浓度和渗滤液产生量均低于传统好氧堆肥过程，但二次成肥车间工艺粗陋，缺少必要的废水处理和除臭设施。

图 3-6 易腐垃圾高温机器脱水设备整体外观

该高温机器脱水联合二次成肥过程可实现易腐垃圾的高效减量化，适用于不同规模村镇。设备物料适应性强，高温脱水过程可实现 24 h 全天候连续进料运行；易腐垃圾高温机器脱水阶段运行比能耗约为 180 （kW·h）/t 垃圾；初级产品减量程度高，减量率达 80% 以上，整套工艺的易腐垃圾利用率达 95% 以上；易腐垃圾经 90℃ 左右、48 h 高热实现高温脱水和有机质物理破碎；初级产品（图 3-7）经历 7 d 二次成肥后的终端产品基本符合《有机肥料》（NY/T 525—2021）和浙江省《农村生活垃圾分类处理规范》（DB33/T 2091—2018）相关标准。然而，由于该点位二次成肥工艺较为粗陋，缺少必要的通风和辅热措施，初级产品难以完全在 7 d 内实现腐熟。此外，易腐垃圾成肥产品的终端出路尚未打通，无相关还田和安全利用标准。因此，该站点处置的终端产品一部分由附近农民免费取走用于花卉种植和蔬菜施肥，大部分转运至有机肥料生产工厂进一步加工处理。

图 3-7   机器成肥初级产品（初级肥）

3.3   村镇易腐垃圾就地高温脱水减量技术

3.3.1   主要工艺流程

村镇易腐垃圾就地高温脱水减量技术主体工艺（图 3-8）由物料预处理系统（包括纯化除杂、破碎匀质等）、自动进料系统、高温脱水系统（包括搅拌翻堆、强制曝气、高温加热、温湿度调控等）、自动出料系统、废水处理系统及废气处理系统等组成。

具体工艺运行过程如下。

（1）物料预处理系统：村镇易腐垃圾经分类清洁直运车收运至垃圾处理站，桶装易腐垃圾经自动称重后，通过机械分选/人工除杂去除易腐垃圾中的石块、塑料、玻璃、金属、织物等杂质以实现生物质纯化，分选的杂质存放至其他垃圾暂存区后统一清运；纯化后易腐垃圾再通过破碎机进行破碎匀质处理，破碎预处理后物料的粒径应小于 50 mm。预处理过程产生的易腐垃圾渗滤液导入废水收集装置统一净化处理。

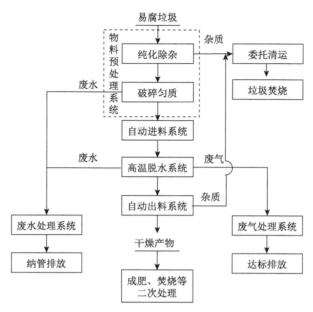

图 3-8　村镇易腐垃圾就地高温脱水减量技术工艺流程

（2）自动进料系统：经纯化除杂和破碎匀质预处理后的易腐垃圾通过物料传送装置（带式传送机或螺旋传送机）和自动提升设备运输至高温机器脱水设备进料口，借助传送或倾倒装置实现自动进料。

（3）高温脱水系统：预处理操作后的易腐垃圾经自动进料系统传送至高温机器脱水设备，然后同时启动搅拌翻堆和高温加热系统，将易腐垃圾搅拌均匀，并将物料温度快速升至 70℃以上，绝大部分设备的物料温度高达 100℃；通过智能调节通风曝气和抽风系统，辅助高温加热系统和温湿度调控系统，在 12～24 h 内快速烘干/脱除物料水分，将含水率普遍降至 30%以下。高温脱水后物料经自动出料传送/导轨装置转运至出料平台，可进一步与动物粪便、木质纤维素类辅料混合堆肥或直接焚烧等处理。该系统产生的少量渗滤液进入废水收集池中集中处理，废气通过排气装置进入废气处理系统。

（4）自动出料系统（出料系统、筛分系统）：当所处理的易腐垃圾物料腐熟后，开启出料口、搅拌桨叶与振动筛，物料从出料口自动出料，并配合振动筛对物料进行筛分，其中腐熟完全的颗粒有机肥透过筛孔成为筛下物，塑料、金属和难降解的木质纤维素留在振动筛上成为筛上物,集中收集至其他垃圾暂存区统一清运。

(5)废水处理系统:破碎匀质、(强压)脱水和机器脱水过程产生的渗滤液通过管道引入废水收集池中,再经泵抽取至废水处理设施进行集中处理。废水处理主要采用厌氧生物滤池、多级 AO、MBR 等常见工艺,或采用多种工艺组合进行深度处理,处理出水水质应满足《污水排入城镇下水道水质标准》(GB/T 31962—2015)或浙江省清洁直排标准《城镇污水处理厂主要水污染物排放标准》(DB33/ 2169—2018)。

(6)废气处理系统:易腐垃圾预处理及高温机器脱水处理过程全流程伴生的 NH_3、H_2S 和 VOCs 等恶臭气体通过抽风机经由集气管道进入废气处理设施或经由冷凝塔进入废水处理设施。废气处理设施可采用化学洗涤、生物洗涤、物理吸附、光催化等处理工艺,最终保证厂界大气满足《恶臭污染物排放标准》(GB 14554—1993)的要求后排放到大气中,避免空气污染。

3.3.2 技术原理与优势

1. 技术原理

本技术针对村镇易腐垃圾高含水率和原位减量化需求,采用高温电加热蒸发水分方式脱水干化,将易腐垃圾含水率快速降至 30%以下,达到体积缩小、重量减轻、便于储存、降低运输成本的目的。目前,市面上主要借助高温机器脱水设备实现农村易腐垃圾脱水减量化处理。

易腐垃圾高温直接脱水是指借助热源气体与易腐垃圾直接接触携带水汽实现脱水的方式(郭同,2013;李永青等,2011)。一方面通过加热使设备快速升温至 70℃以上,多数设备内部温度控制在 100℃左右,以实现物料水分从结合水向自由水转化及表面自由水蒸发;另一方面随着机器内部环境温度的升高,鼓入空气温度随之升高,导致空气流携水能力显著提升,有助于水汽快速脱除。基于此,易腐垃圾高温脱水过程主要由易腐垃圾表面水分的蒸发和内部水分迁移至表面两个过程组成，在借助体系高温和通风气流的脱水过程中，这两个过程连续交替进行，直至易腐垃圾含水率降至 30%而完成脱水。易腐垃圾高温脱水主要呈现出三个阶段：一个恒速阶段和两个降速阶段，分别脱除易腐垃圾中自由水、间隙水和表层水。易腐垃圾中自由水由于能够在易腐垃圾中自由移动，在高温脱水过程中能够快速自由迁移至易腐垃圾表面，但内部的间隙水和表层水的迁移则需要热量驱动。一般来说，随着易腐垃圾脱水程度的增加，易腐垃圾内部水分的迁移速度不断降低。因此，为了保持易腐垃圾的脱水效率，在易腐垃圾的脱水降速阶段需要增加热能的供应。对于直接脱水技术来说，高温设备的脱水时间较短，为 12～24 h，设备加热的程度基本不会随着时间和脱水程度有较大区别。为了防止易腐垃圾粘在脱水设备上，目前多采用全混合式连续搅拌高温脱水工艺设备，实现易腐垃圾充分脱水。相比于生物干化脱水工艺，高温机器脱水过程基本灭活病原微生物等大部分微生物，主要依靠设备加热维持高温环境进而实现水分脱除和水分形态转化，基本未借助微生物降解产生的生物热，因而能源消耗相当高。

2. 技术优势

村镇易腐垃圾就地高温脱水减量技术主要借助高温机器脱水设备实现村镇易腐垃圾脱水减量化处理，借助高温环境和外源空气流协同脱除易腐垃圾物料水分，将易腐垃圾含水率快速降至 30%以下，达到缩小体积、减少重量、便于储存和运输的目的。整个技术模式也在缩短易腐垃圾处理周期、回收易腐垃圾热值、减少恶臭气体排放等方面具有明显技术优势，主要体现如下。

（1）减量化效果明显，处置周期短。相比于传统好氧堆肥、厌氧产沼和生物蛋白转化等资源化处理技术，该技术模式可将易腐垃圾的水分在 12～24 h 内快速降至30%以下，直接减重率大于 40%，具备处置速度快、减量化效果明显的技术优势。

（2）有利于回收利用易腐垃圾中的热值。易腐垃圾中含有的大量有机物质，高温脱水干化后具有较高的热值。由于易腐垃圾含有大量水分，直接焚烧处理，不但得不到这部分热值，还需要消耗大量的干化能量，且燃烧过程产生大量二噁英、二氧化硫、氮氧化物等有毒有害气体。而对易腐垃圾进行高温脱水处理使其含水率降低至一定程度后，脱水物料经简单堆存即可入炉焚烧。

（3）高温脱水过程杀灭病原微生物，减少恶臭气体产生和排放。相比于传统好氧堆肥、厌氧产沼和生物蛋白转化等资源化处理技术，高温脱水过程的体系操作温度长期高于 70℃，部分设备运行温度高达 100℃，可以有效杀灭病原微生物等大部分微生物，显著降低微生物活性，防治恶臭气体产生和排放。

（4）智能化水平高，人工成本低。该易腐垃圾处理设备配备中央智能控制单元，可一键式调节机械搅拌和曝气通风的强弱，对外源升温速率灵敏控制，自动化、智能化水平高，人工成本较低。部分机器成肥设备同时具有自动称重、分选破碎和脱水除油功能，以及数据记录功能和过载保护系统，安全可靠。

（5）占地面积小，易落地，适合一村一点或多村一点。与传统厌氧产沼、好氧堆肥和生物蛋白转化工艺相比，该易腐垃圾减量资源化处理模式占地面积较小，停留时间短，进出料灵活，可形成 300～5000 kg/d 的处理量规模，适合一村一点或多村一点。此外，该工艺对物料适应性强，农村生活垃圾分类产生的易腐垃圾（剩菜剩饭、菜叶果皮、作物秸秆和枯枝落叶等）只需达到分类标准均可采用该模式进行减量处理。

3.3.3 适用范围

（1）规模适应性：村镇易腐垃圾就地高温脱水减量技术可形成 300～5000 kg/d 的处理量规模，覆盖人口 1000～10000 人的地区范围，适合一村一建或多村联建模式，以及适用于居住小区、学校、餐饮商业区、菜市场等易腐垃圾产生量相对集中，产量相对稳定（通常为 300～5000 kg/d）的地区。

（2）物料适应性：村镇易腐垃圾就地高温脱水减量技术可实现农村地区生活垃圾分类产生的易腐垃圾（包括剩菜剩饭、菜叶果皮、作物秸秆和枯枝落叶等）的快速脱水减量化处置。高含水率（＞70%）的易腐垃圾经分选、破碎等预处理操作后进入高温机器脱水设备进行为期 12～24 h 的高热处理，获得含水率低于 30%，有机质含量高于 75% 的初级产物，该产物将易腐垃圾中热值充分回收保存。由于仅仅通过高温烘干脱水，初级产物仍需进行堆肥、卫生填埋或焚烧等二次处理处置。

3.3.4　产品质量与出路

村镇易腐垃圾就地高温脱水减量技术在 12～24 h 借助高温机器脱水设备将易腐垃圾含水率降至 30%以下，有机物基本未得到任何降解，尽管初级产物大部分指标能够满足《有机肥料》（NY/T 525—2021）和浙江省《农村生活垃圾分类处理规范》（DB33/T 2091—2018）相关标准要求，但是核心指标腐熟度几乎为零。因此，高温脱水干燥后的初级产物不能直接作为土壤调理剂或有机肥料等产品用于园林绿化或农田。初级产物尚需进一步微生物转化后利用或进行卫生填埋/焚烧等无害化处置。

3.3.5　经济效益分析

村镇易腐垃圾就地高温脱水减量技术将易腐垃圾进行纯化除杂、匀质破碎预处理后，通过高温机器脱水减量化处理，获得初级产品，再转运至填埋场、焚烧厂或成肥厂进行末端处置。

整个模式的前期建设投资较大，场地建设费、预处理和高温机器脱水设备购置成本为 10 万～100 万元/（$t_{垃圾}$·d）；运行成本包括且不限于预处理设施、高温机器脱水设备及二次成肥设施运行维护费用，二次污染防治设施技术费用，电费，药剂和菌剂费用、设备折旧费用以及员工薪酬等。以处理规模为 3～5 t/d 的某中小规模处置站点为例，主要经费投入如下：①高温机器脱水设备运行比能耗为 150～250（kW·h）/$t_{垃圾}$，电费按照 0.65 元/（kW·h）计算，该设备耗电在 97.5～162.5 元/$t_{垃圾}$，成本极高；②废水产生量为 0.2～0.3 t/$t_{垃圾}$，则废水处理费用为 25～40 元/$t_{垃圾}$；③配备操作工 2～3 人，每人每月平均 3000～3500 元；④初级脱水产物运往末端处置厂运费及加工处置费用；⑤其他费用，如辅料添加费用、设备维修和零部件更换费用等。以上各类成本均视地区经济发展水平略有差异。

该模式主要收益如下：分拣出来的塑料、纸张等可回收物出售所获的零星收益。由于该项目具有一定环保属性，可获得相应政府补贴，以维持项目运营，视所在地区经济发展水平及对垃圾处理处置重视程度略有差异。

综上，农村易腐垃圾高温脱水就地减量技术投资与运行成本都相当高。目前，设施设备维持主要依靠政府补贴，总体经济效益较低，盈利潜力欠佳。

3.3.6 技术瓶颈

目前，村镇易腐垃圾就地高温脱水快速减量技术在实际应用过程中，主要的技术瓶颈包括：破碎、破袋、筛分等配套设施不完善，产品杂质含量超标；成肥设备能耗及运行成本高；烘干产物附加值低，出路困难等。

（1）对收纳垃圾物料纯度要求高，需配置人工分拣。村镇易腐垃圾就地高温脱水减量设备普遍采用辊式破碎机及全混合式单轴搅拌加热系统。当前，各地农村易腐垃圾分类质量参差不齐，分类后易腐垃圾中常常混入塑料、金属、织物等不可腐烂成分以及植物纤维（秸秆）等，极易导致破碎和搅拌设备在运行过程中发生搅拌轴和桨叶缠绕、卡死、死机等严重问题，增加运维频率，同时也容易造成产品杂质含量严重超标。因此，高温机器脱水设备对收纳物料有机质纯度要求特别高。为解决纯度问题，各地基本配置人工进行二次分拣。受高含水率、易腐烂等特性影响，作业环境与卫生状况相对恶劣。

（2）高温蒸发脱水能耗大，运行成本极高。村镇易腐垃圾就地高温脱水快速减量设备要求进料物料粒径小于2～3 mm，破碎能耗大。全混合式单轴加热搅拌反应器主体运行温度普遍设置在70℃以上，甚至高达100℃，主要依托外源加热实现易腐垃圾物料水分蒸干脱除。全混合式单轴加热搅拌反应器运行比能耗高达150～250（kW·h）/t_垃圾，运行成本高。

（3）初级产物利用价值低，出路困难。尽管就地高温脱水减量技术收获的初级产物含水率在30%以下，有机质浓缩，热值被充分保留。然而，由于物料仅仅实现快速脱水，没有经过微生物发酵处理，植物种子发芽指数基本为零，完全没有腐熟度，具有极强的生物毒性，无法作为园林绿化或农林业进行使用。如果要进行二次堆肥处理，还需调回水分含量至55%～65%。因此，干燥产物基本还是送往垃圾焚烧厂进行焚烧处理，深度脱水耗能费力，对居民的分类积极性影响较大。

3.3.7　三废处理

村镇易腐垃圾就地高温脱水减量技术在预处理分选除杂阶段会分拣出塑料、金属、织物等不可腐烂成分，在破碎匀质、高温脱水阶段会产生一定的垃圾渗滤液，同时在垃圾转运、高温脱水过程中伴有少许 NH_3、H_2S 和 VOCs 等恶臭气体产生。因此，必须对村镇易腐垃圾就地高温脱水减量技术全流程产生的废水、废气以及固废进行收集处理，以控制二次污染。

（1）废水处理：该成套技术产生的少量渗滤液、洗涤废水和蒸汽冷凝废水通过管道引入废水收集池中，再借助密封槽罐车运输至城镇污水处理厂集中处理。该废水往往与其他易腐垃圾资源化处理设施产生的废水混合处理，出水水质满足《污水排入城镇下水道水质标准》（GB/T 31962—2015）中的规定，方可纳入管网；出水水质满足浙江省清洁直排标准《城镇污水处理厂主要水污染物排放标准》（DB33/ 2169—2018），可直接外排。

（2）废气处理：易腐垃圾就地高温脱水减量过程中挥发的 NH_3、H_2S 和 VOCs 等恶臭气体通过抽风机，经由集气管道进入废气处理设施或经由冷凝塔进入废水处理设施。废气处理设施可采用光催化及喷淋塔等工艺处理，最终保证厂界大气满足《恶臭污染物排放标准》（GB 14554—1993）的要求，实现达标排放。

（3）固废处理：主要固体废物为垃圾进行人工二次分拣处理环节中筛分出的其他垃圾，部分塑料、金属等可回收物可进行回收出售；其余部分可直接送往中转站进行压缩处理，然后集中运送至生活垃圾焚烧厂焚烧发电。

3.3.8　典型案例分析

案例一

案例名称：建德市××镇垃圾资源化处理站（图 3-9）。

处理对象：易腐垃圾（厨余垃圾和餐厨垃圾）。

处理规模：0.3～1 t/d。

项目简介：项目实施范围涵盖镇区以及 11 个自然村，服务近 2.5 万人口，年额定处理垃圾 840 余吨。该高温脱水减量设备额定处理量为 1 t/d（图 3-10），额定功率为 37.2 kW，购买价格为 40 万元，全年配备工人 1～2 人。

图 3-9　建德市××镇垃圾资源化处理站

图 3-10　易腐垃圾就地减量处理设备设计外观

工艺特点：该工艺采用强压脱水耦合高温机器脱水的易腐垃圾减量化处理方式。首先，利用机械将易腐垃圾提升至人工分拣台进行二次分拣与纯化，去除石块、金属、塑料等杂物；其次，采用螺杆挤压脱水的方式对易腐垃圾进行脱水预处理，大幅度降低固体有机质含水率和物料体积；再次，强压分离出的废水注入油水分离器中，对混合液体中的油脂进行分离和提取；最后，脱水后的物料经动态自动上料计量系统、自动提升上料装置进入高温机器脱水反应仓，在温湿度自动控制、手动或自动控制面板等功能模块配合下，餐厨和厨余垃圾经 24 h 高温蒸发脱水处理转化成含水率小于 30 % 的初级产物，实现易腐垃圾快速脱水减量化处理。

该高温机器脱水过程基于高温直接脱水工艺实现易腐垃圾的高效减量化，适用于不同规模行政村、大型农贸市场、果蔬批发市场、学校、园区、食堂、饭店、商业综合体及景区等，覆盖人口为 500～10000 人，占地面积 6～70 m²。设备物料适应性强，可实现 24 h 全天候连续进料运行，初级产物减量率达 30%～50%；易腐垃圾经 70～100℃高温、24 h 高热处理常常被用于农家有机肥施用。然而，该初级产物主要指标不能满足《有机肥料》（NY/T 525—2021）和浙江省《农村生活垃圾分类处理规范》（DB33/T 2091—2018）相关标准，尤其是植物种子发芽率低于 10%，不能直接用作土壤调理剂和有机肥还田，需经二次堆肥加工才能使用。因此，在实际运行过程中，主要通过送往垃圾焚烧厂进行焚烧处理。

案例二

案例名称：湖州市××区周边村镇及城区农贸市场、单位食堂易腐垃圾处理。

处理对象：易腐垃圾（厨余垃圾和餐厨垃圾）。

处理规模：20～100 kg/d。

项目简介：该案例分散式布设小型资源化处理站点，每个站点配备一台易腐垃圾破碎匀质设备，兼具沥水和初步脱水功能；配备 1～2 台高温机器脱水设备，内部均配备除臭装置，实现自动出料。

工艺特点：首先利用匀质破碎机将易腐垃圾进行破碎、匀质、沥水和挤压脱水预处理，其间去除石块、金属、塑料等杂物；预处理过程脱除的水分统一收集外送废水处理厂统一处理；预处理后的易腐垃圾经人工倾倒入高温机器脱水设备中（图 3-11），在温湿度自动控制、手动或自动控制面板等功能模块配合下，反应仓内部温度快速升至 70℃以上，餐厨和厨余垃圾经过 24 h 高温处理及搅拌设备辅助条件下转化成实际含水率为 15%以下的初级产物，实现易腐垃圾快速脱水减量化处理。部分站点高热处置后获得的初级产物常被用作农家有机肥施用。

然而，该初级产物植物种子发芽指数指标不符合相关标准要求，所有抽检样品均低于 10%。因此，该技术模式产生的初级产物不能直接用作土壤调理剂和有机肥还田，需进一步加工或送往垃圾焚烧厂进行焚烧处理。

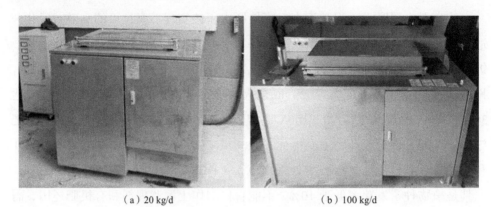

（a）20 kg/d　　　　　　　　　（b）100 kg/d

图 3-11　易腐垃圾就地减量处理设备外观

3.4　村镇易腐垃圾太阳能辅助堆肥成套技术

3.4.1　主要工艺流程

村镇易腐垃圾太阳能辅助堆肥成套技术主体工艺（图 3-12）由物料预处理系统［包括分选除杂、破碎匀质、（挤压）脱水等］、太阳能辅助堆肥发酵系统、产物加工系统（筛分除杂、二次加工/还田利用等）、废水处理系统和废气处理系统等组成。

具体工艺运行过程如下。

（1）物料预处理系统：村镇易腐垃圾经分类清洁直运车收运至处理站后，首先经过机械分选/人工分拣去除易腐垃圾中的较大石块和塑料、玻璃、金属、纺织物等杂质以实现生物质纯化（二次分拣应确保不混入其他垃圾），然后通过破碎机进行破碎匀质处理（破碎预处理后物料的粒径一般应小于 50 mm），并采用挤压脱水或添加辅料如锯末、麸皮等干燥辅料调节初始物料的含水率与碳氮比至合适水平，确保进入太阳能辅助堆肥发酵系统的物料满足含水率不大于 65%、碳氮比等于 25~35 的基本要求（韩志勇和刘丹，2019）。

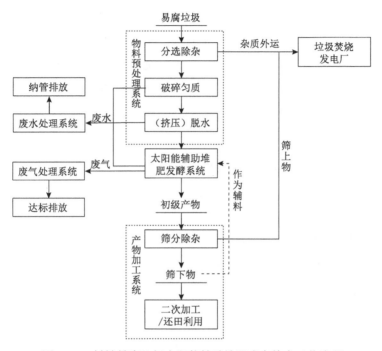

图 3-12 村镇易腐垃圾太阳能辅助堆肥成套技术工艺流程

（2）太阳能辅助堆肥发酵系统：经过分选除杂、破碎匀质和脱水预处理后的纯化易腐垃圾物料通过传送带或其他运输工具转移至太阳能辅助堆肥主体发酵设施内（简称阳光房）进行好氧生物发酵。阳光房的有效容积应根据所采用的发酵工艺和当地易腐垃圾产生量来确定，应留有不小于总容积 20%的富余容量。根据通风供氧及搅拌形式可分为简易堆肥（simplified composting，在自然通风和静态条件下完成生物降解与腐熟化的过程）、静态堆肥（static composting，借助强制通风供氧系统完成生物好氧降解与腐熟化的过程）和动态堆肥（dynamic composting，借助强制通风供氧和机械搅拌系统完成生物好氧降解与腐熟化的过程）。不同形式的发酵工艺应满足不同的停留时间（发酵周期）：简易堆肥停留时间应不小于 45 d，静态堆肥不小于 30 d，动态堆肥不小于 20 d。同时，应保证堆肥的无害化要求，即《生活垃圾堆肥处理技术规范》（CJJ 52—2014）中规定的"物料的发酵温度达到 55℃以上，且持续时间不少于 5 d；或达到 65℃以上，持续时间不少于 4 d"要求。待堆体温度回降至室温，同时满足易腐垃圾腐熟稳定化、无害化条件后出料，获得初级堆肥产物。初级产物可直接作为肥料，供农户和园林绿化使用，或进一步加工成土壤调理剂、基质、营养土、有机无机复混肥、专用有机肥等产品。堆肥产物作为有机肥使用时，其品质应达到浙江省《农村生活垃圾分类处理规范》（DB33/T 2091—2018）和《有机肥料》（NY/T 525—2021）相关标准要求。

（3）通风曝气系统（太阳能辅助堆肥发酵系统的一部分）：在太阳能辅助堆肥过程中，适时进行通风曝气及搅拌翻堆，以调节堆体含水率、温度和堆体内部氧气浓度，维持微生物生长代谢最适条件，保证堆肥正常进行（骆爽爽，2016）。采用静态堆肥或动态堆肥时，强制通风可采用强压鼓风或自动抽风方式，风量与风压应满足《生活垃圾堆肥处理技术规范》（CJJ 52—2014）要求。采用动态堆肥时，搅拌翻堆频次宜为 1～3 次/d；气温低于 15℃时，搅拌翻堆频次宜降低，宜为 1 次/（1～3）d；气温高于 35℃时应增加搅拌翻堆频次，宜为不低于 3 次/d。同时也可在堆肥初期接种微生物菌剂或添加腐熟的堆肥以强化易腐垃圾降解过程，缩短易腐垃圾堆肥发酵周期。易腐垃圾处理需要添加微生物菌剂时，使用的微生物菌种应安全，有明确来源和种名，菌株安全性应符合《微生物肥料生物安全通用技术准则》（NY/T 1109—2017）的规定。

（4）产物加工系统：易腐垃圾经由太阳能辅助堆肥腐熟稳定后进行机械筛分，筛下物一部分可回用至堆肥初期作为辅料调节初始物料的含水率与碳氮比和接种微生物量，剩余大部分可作为有机肥料或二次加工为土壤调理剂、基质、营养土、有机无机复混肥、专用有机肥等产品进行利用。筛上物并入预处理阶段产生的其他垃圾杂质进行后续处理。

（5）废水处理系统和废气处理系统：村镇易腐垃圾太阳能辅助堆肥成套技术与设施应配置相应的二次污染（固废、废水、废气）防治设施。分选除杂过程产生的其他垃圾杂质可直接送往垃圾中转站完成压缩预处理，然后集中运送至生活垃圾焚烧发电厂进行焚烧处理。预处理及堆肥过程产生的废水、废气经收集后,通过相应的二次污染防治设施进行处理后,达标排放。

3.4.2　技术原理与优势

1. 技术原理

好氧堆肥是指在受控的有氧条件下,好氧微生物通过代谢活动将易腐垃圾中丰富的有机物氧化为简单的无机物和转化为供生长繁殖的细胞物质,并释放出微生物生长、活动所需的能量,同时产生稳定的腐熟化产品的过程(图 3-13)(Lin et al., 2018;李相儒, 2019)。易腐垃圾经微生物好氧堆肥后,可实现减量化、无害化、腐熟化和资源化。

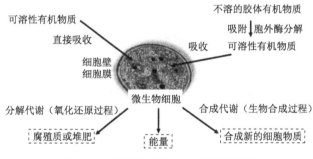

图 3-13　好氧堆肥微生物降解原理图

含水率和温度控制是影响好氧堆肥过程中微生物活性和有机质降解速率的关键因素中的两种,是堆肥状态的表观体现(何品晶, 2011)。好氧堆肥过程前期要求堆体温度快速升高,以激活嗜温微生物活性,并脱除一定物料水分以达到微生物最适代谢条件。堆肥中期要求维持一定时间的高温状态,借助嗜热微生物实现对物料中的纤维素、半纤维素和木质素等难降解物质的降解,同时灭杀病原菌实现无害化要求(图 3-14)(Fang et al., 2019)。因此,目前阳光房好氧堆肥工艺通常会借助太阳能辅助加热/保温措施以快速启动微生物代谢过程和维持堆体温度。

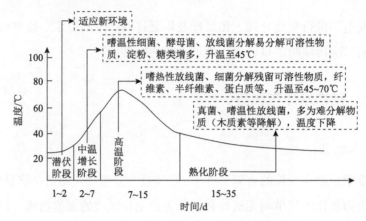

图 3-14 好氧堆肥微生物与物质转化过程图

太阳能辅助堆肥是一种以太阳能辐射产生的光能转化为热能，并将其用作辅助能量来源，耦合微生物菌群自身生长代谢产生的生物热，有效提高阳光房内物料发酵的相对环境温度，增强新鲜物料中微生物活性并维持无害化温度，从而实现堆体快速进入发酵状态、发酵周期缩短的好氧堆肥工艺（王英，2011）。

太阳能辅助堆肥成套技术与设施由预处理系统、处理单元（阳光房）、污染控制系统和配套工程等组成，其中，阳光房是进行易腐垃圾好氧发酵的主体设施。普通阳光房仅包含发酵仓（房间）。静态堆肥发酵阳光房包括顶部透明玻璃板、进料/出料门、废气废水收集管道，处理周期普遍较长，产品腐熟度相对较低。智能化阳光房（图 3-15）则在此基础上增加了通风曝气、搅拌翻堆和抽湿等功

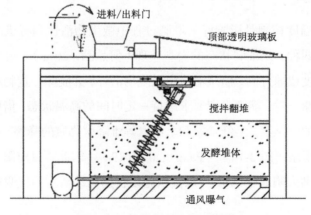

图 3-15 智能化阳光房示意图

能，保障微生物好氧代谢活动所需的温度、湿度、氧气浓度等，可充分强化微生物产生各种有机物质降解酶（淀粉酶、脂肪酶、蛋白酶、纤维素酶、半纤维素酶以及木质素酶等）（徐超，2019），以加速易腐垃圾降解和腐熟，实现堆肥发酵周期缩短和肥料产品肥效品质的提升。

2. 技术优势

太阳能辅助堆肥成套技术与设施将太阳能辅助供热与易腐垃圾好氧堆肥有机地结合在一起，通过快速激活微生物代谢活性和维持堆体恒定温度有效缩短了传统堆肥发酵周期、提升了堆肥产品质量并减少了投资运行成本，具有明显的技术优势，主要体现在如下方面。

（1）投资运行成本低。太阳能辅助堆肥成套技术与设施组成较为简单，机械化要求低，无须建设大型厂房或金属制反应器，投资成本低；设施运行过程中，充分利用清洁的太阳能作为辅助能源，无须额外配套电辅助加热设施，大大减少了运行成本。

（2）运行操作管理简便。太阳能辅助堆肥成套技术与设施由预处理系统、主体发酵系统、肥料加工系统、二次污染防治系统等模块组成，各系统机械化程度相对较低，可单独运行维护；整体工艺流程较为简单，除进料出料、阳光房定期翻堆曝气外，无须过多的复杂参数调控，操作简单，所需操作人员少，运行管理简便。

（3）设施运行稳定安全。太阳能辅助堆肥成套技术与设施主体处理单元为封闭的水泥建筑物，设施安全性高。此外，堆肥物料集中堆放在透明、集光、储能的阳光房内，白天持续的光照使阳光房内温度维持在恒定状态，避免了昼夜较大的温差对物料的不利影响。同时，遇到阴雨天或外界气温较低时，也能依靠前期所积累的热量及生物热来维持堆体温度，因此受季节性变化较小，可以保证反应稳定运行。

3.4.3　适用范围

（1）规模适应性：太阳能辅助堆肥技术可形成 0.5～10 t/d 的日处理量设施，

可覆盖 5000～30000 人的地区范围，既适用于一村一点，也适用于多村联建抑或一镇一点模式，设施简易，吨垃圾的投资与运行成本低。

（2）物料适应性：太阳能辅助堆肥成套技术适用于村镇地区分类后产生的易腐垃圾（包括厨余垃圾、餐厨垃圾、生鲜垃圾）的减量资源化处理，也可用于果树以及农业废弃物等有机废弃物的资源化处理。当易腐垃圾物料含水率较高时（＞65%），需经破碎除杂、脱水等预处理，接种返混物料后进入处理单元。一般情况下，物料通过 30～45 d 高温好氧堆肥发酵，可转化为高腐熟度的初级产物，品质可达到《有机肥料》（NY/T 525—2021）和《农村生活垃圾分类处理规范》（DB33/T 2091—2018）相关标准要求，植物种子发芽指数大于 70%。

3.4.4　产品质量与出路

村镇易腐垃圾经太阳能辅助堆肥处理后的初级产物品质要求达到浙江省《农村生活垃圾分类处理规范》（DB33/T 2091—2018）和《有机肥料》（NY/T 525—2021）相关标准，即产物有机质的质量分数（以烘干基计）不小于 30%，植物种子发芽指数不小于 70%，其他的无害化指标达到浙江省《农村生活垃圾分类处理规范》（DB33/T 2091—2018）和《有机肥料》（NY/T 525—2021）规定的除有机质外的所有要求。原则上以厨余垃圾和生鲜垃圾为原料的腐熟堆肥发酵初级产物可直接作为肥料,供农户和园林绿化使用,或作为原料进一步加工成土壤调理剂、基质、营养土、有机无机复混肥、专用有机肥等产品；以餐厨垃圾为基料的腐熟堆肥发酵初级产物，需经含盐量等安全性指标评价后方能用作农用肥料。

3.4.5　经济效益分析

村镇易腐垃圾太阳能辅助堆肥成套技术将农村易腐垃圾经分选除杂、破碎匀质后，依靠太阳能辅助堆肥方式，获得初级产品，并通过筛分除杂或二次堆肥技术，获得高质量土壤调理剂或高肥效有机肥料。

整套模式的前期建设投资相对较低，土地购置费、阳光房建造成本可控制在

10 万～20 万元/t 垃圾；运行成本包括且不限于预处理设施、高温机器脱水设备及二次成肥设施运行维护费用，二次污染防治设施技术费用，电费，药剂和菌剂费用，设备折旧费用以及员工薪酬等。以日处理量为 8 t/d 的易腐垃圾智能化阳光房处理站点为例，主要经费投入如下：①平均耗电 50～70（kW·h）/ t 垃圾，电费按照 0.65 元/（kW·h）计算，则该工艺耗电在 32.5～45.5 元/t 垃圾；②操作工人数按 2 人计，每人每月平均 3000～3500 元，则月总劳务费为 7000 元；③其他费用，如菌剂药剂等添加剂费用、设备维修和零部件更换费用等。

该模式主要收益如下：有机肥初级产物作为肥料销售所获收益。由于该项目具有资源化及环保属性，可获得一定政府补贴，以维持项目长期稳定运营，视所在地区经济发展水平及对垃圾处理处置重视程度略有差异。

综上，村镇易腐垃圾太阳能辅助堆肥成套技术前期投资成本较低，运行过程中采取太阳能辅助加热，不需要额外的辅助加热措施，工艺操作流程也较为简单，因此相应的运行成本较低。目前，设施设备维持主要依托政府补贴，但其堆肥产品符合资源化产品要求，待后续打通易腐垃圾资源化产品土地利用途径后，总体经济效益还有很大提升空间。

3.4.6　技术瓶颈

目前,村镇易腐垃圾太阳能辅助堆肥成套技术与设施在实际推广应用过程中存在的主要问题为站点设计不科学，发酵周期长、占地面积大，最终堆肥产品腐熟度差和蚊蝇滋生、环境卫生差等。

（1）站点设计不科学。目前，国内在太阳能辅助堆肥设施建设方面，仅有浙江省杭州市发布了《农村生活垃圾阳光房处理技术与管理规范》（DB 3301/T 0261—2018）地方标准，暂无正式的国家标准发布。各地区太阳能辅助堆肥设施建设缺乏规范化管理，由此出现：①主体发酵设施阳光房设计缺乏科学性，普遍设计为"三间套"，阳光房单元/单间体积设计与垃圾产生量没有匹配关系，普遍存在"吃不饱""发不起"现象；②关于场地选址及配套设施不够明确，部分地区在施工过程中存在环节缺失，缺乏废水废气原位收集处理设施，易腐垃圾预处理和堆肥发酵过程产生的垃圾渗滤液、恶臭等二次污染严重。由此导致大部分太阳能辅助堆肥设施变成了易腐垃圾堆放室，环境卫生及产品质量均不达标。

（2）发酵周期长，占地面积大。目前绝大多数阳光房缺乏通风曝气和机械搅拌设施，发酵周期普遍为 45～60 d，甚至更长。由于太阳能辅助堆肥采用单元/单间单独封仓堆肥发酵形式，阳光房单间体积设计与垃圾产量没有做到完全匹配，满仓时间通常在 10 d 以上，阳光房及其配套设施普遍存在占地面积大的问题。

（3）最终堆肥产品腐熟度差。目前大多数太阳能辅助堆肥选用的工艺主要为简易静态堆肥，工艺简陋，缺少主动供氧、搅拌以及强制通风系统，不同时间进料混合不均匀，不同层面物料发酵进度不一致，造成最终堆肥产物腐熟度极低。同时，绝大部分阳光房保暖性能差，主要体现在墙体结构、采光玻璃设置与出料门材料方面，导致堆体温度基本达不到 55℃且持续 5 d 以上（尤其是冬季）的无害化要求。

（4）蚊蝇滋生，环境卫生差。由于多数阳光房密封性差，房间内缺少通风抽湿系统，房内与物料湿度较高，地上积水严重，而排水管道设置不合理易被垃圾堵塞且难以清理，导致大量蚊蝇滋生，严重影响设施与操作环境卫生状况。尽管部分站点采用杀虫剂进行灭蝇，但效果不明显，同时会影响产品质量，甚至造成二次污染。此外，由于处理单元设计体积与垃圾产量不匹配，人员运行管理困难，进一步加剧了阳光房环境卫生问题。

3.4.7　三废处理

村镇易腐垃圾太阳能辅助堆肥成套技术与设施在预处理及分选除杂阶段会分拣出玻璃、塑料、纺织物等固体废弃物，在破碎匀质、挤压脱水以及太阳能辅助堆肥阶段会产生一定的垃圾渗滤液，同时在发酵腐熟过程中也会有 NH_3、H_2S 和 VOCs 等恶臭气体产生。因此，需要对太阳能辅助堆肥全过程产生的废水、废气以及固废进行收集处理，以控制二次污染。

（1）废水处理：应设置废水收集系统对预处理及阳光房内产生的垃圾渗滤液进行及时收集。废水收集系统主要由固液分离废水收集装置、阳光房生物发酵堆体底部渗滤液排水收集管道和阳光房顶部水汽冷凝收集装置等部分组成。上述装置中收集的废水通过总管道引入废水收集池中，最后经泵抽取至废水处理设施进行集中处理。收集池中的渗滤液应优先用于垃圾堆体的水分调节，剩余的渗滤液收集后应按以下方式处理：①送至城镇污水处理厂处理的，应采用密封槽罐车运输；②纳入管网的，应对渗滤液进行处理，出水水质满足《污水排入城镇下水道水质标准》（GB/T 31962—2015）中的相关规定；③采用直接排放方式的，应对渗滤液进行处理后达标排放，出水水质应满足浙江省清洁直排标准《城镇污水处理厂主要水污染物排放标准》（DB 33/2169—2018）。

废水处理可采用厌氧生物滤池、多级 AO、MBR 等常见工艺，或采用多种工艺组合进行深度处理。如采用"预处理+混凝气浮+多级 AO+MBR"工艺：废水进入格栅以阻隔大块的呈悬浮或漂浮状态的固体污染物，通过调节池均质均量后投加聚合氯化铝（PAC）、聚丙烯酰胺（PAM）进行絮凝沉淀，污泥排入污泥池，上清液进入气浮池进一步去除颗粒物，然后通过多级 AO 生化池降解废水中的有机物、氨氮和总磷，最后采用 MBR 工艺进行深度处理。

（2）废气处理：太阳能辅助堆肥过程会产生 NH_3、H_2S 和 VOCs 等恶臭气体，因此必须保证阳光房的封闭性，可采用微负压设计。为收集恶臭气体，须在阳光房顶部合理设置抽气口，通过抽风机，经由集气管道（可添加活性炭/生物吸附材料涂层）将恶臭气体抽入废气处理设施或经由冷凝塔进入废水处理设施。废气处理设施可采用光催化及喷淋塔工艺：首先采用植物液等功能化离子液体吸收剂吸收，再通过多段式淋滤实现对 NH_3、H_2S 和 VOCs 的靶向富集；然后通过高效光催化技术使有机或无机高分子恶臭化合物通过高能紫外线光束照射、催化剂的氧化反应、正氧离子的氧化反应，降解转变成低分子化合物；最后通过酸/碱液淋滤实现废气中残留的碱性（NH_3 等）/酸性（H_2S 等）气体的去除。净化后的废气由风机抽至排气筒实现高空排放，最终保证厂界大气满足《恶臭污染物排放标准》（GB 14554—1993）的要求。

（3）固废处理：主要固体废物为垃圾分拣处理环节中筛分出的其他垃圾，可直接运往中转站完成压缩预处理，然后集中运送至生活垃圾焚烧发电厂进行焚烧处理。

3.4.8 典型案例分析

案例一

案例名称：宁波市××镇厨余垃圾处理项目。

处理对象：农贸市场生鲜垃圾。

处理规模：3～8 t/d。

项目简介：项目服务范围为××镇农贸市场产生的生鲜垃圾，服务人口约30000 人，建筑面积约 1896 m^2；项目主体发酵工艺为太阳能辅助条垛式堆肥，阳光房规格为 4m×4m×12 m，无保温层无隔间，监控、警报、消防配置齐全，顶部玻璃全覆盖，有恶臭收集通道，无排水通道，由螺旋自动向料仓最深处输送物料，料仓底面比地面高 50 cm；配套有预处理、废水废气处理设施，共有 3 名操作工人。项目采用"自动提升进料—磁选除杂—粗破碎—生物质破碎分离—挤压脱水—太阳能辅助堆肥—废气废水处理"为主的工艺路线，堆肥产物含水率低于 45%，植物种子发芽指数＞70%，品质基本满足《有机肥料》（NY/T 525—2021）和浙江省《农村生活垃圾分类处理规范》（DB33/T 2091—2018）的要求，产物现阶段供附近农户自用，后续计划根据市场价格按袋出售。

工艺特点：①为确保预处理破碎粒径均一，增加了生物质破碎分离预处理工艺（图 3-16），物料纯化度匀质化高，处理效果好。但预处理工艺较为复杂，尤其是生物除杂设备功率较大（75～110 kW），导致运行成本较高；②阳光房数量为 1 间，占地面积较大，设施自动化程度较高，通过搅拌系统（图 3-17，搅拌频次 1 次/d）实现平推流式堆肥，无曝气排水设施，导致阳光房物料底部存在一定积水，内部蚊蝇滋生，发酵周期较长（夏季处理周期为 30 d，冬季处理周期为 45 d）；③阳光房顶部配有恶臭收集通道，采用喷淋法进行臭气净化（图 3-18），处理效果相对较好，厂界无明显恶臭；④挤压脱水产生的废水通过"混凝沉淀-$A^2O^①$-MBR"组合工艺（图 3-19）进行处理，废水处理规

---

① 厌氧-缺氧-好氧活性污泥法（anaerobic anoxic oxic activated sludge process，A^2O，或 A/A/O）。

模为 12 t/d，出水水质达到《污水综合排放标准》（GB 8978—1996）的三级标准及《污水排入城镇下水道水质标准》（GB/T 31962—2015）A 级标准，纳管排放。

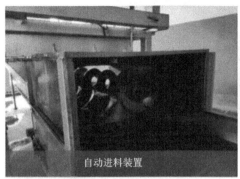
自动进料装置

磁选设备

粗破碎设备

挤压脱水设备

生物质破碎分离系统

图 3-16　案例一厨余垃圾处理项目预处理车间设备实景图

图 3-17　案例一厨余垃圾处理项目阳光房内部及搅拌装置

图 3-18　案例一厨余垃圾处理项目废气处理设施

图 3-19　案例一厨余垃圾处理项目废水处理设施

案例二

案例名称：金华市××镇垃圾处理项目。

处理对象：农户垃圾分类以及农贸市场产生的易腐垃圾。

处理规模：2～5 t/d。

项目简介：项目服务 6 个行政村，服务人口约 550 人，项目建筑面积约 500 m²，前期投资约 245 万元。项目主体发酵工艺为太阳能辅助堆肥（动态堆肥），单间阳光房规格为 2 m×3 m×4 m，共有 6 间，阳光房地面有冷凝水出口，无收集导流槽，有双层曝气网，上层为网眼孔，下层为网格；阳光房仓门较大，仓门内侧附保温板，顶部玻璃倾斜朝西北；配套预处理、废气处理设施，共有 3 名操作工人。采用"人工分拣—破碎匀质—挤压脱水—太阳能辅助堆肥—肥料二次加工（粉碎+烘干）—（废气处理）"为主的工艺路线，堆肥产物含水率低于 45%，植物种子发芽指数＞70%，品质基本满足《有机肥料》（NY/T 525—2021）和《农村生活垃圾分类处理规范》（DB33/T 2091—2018）要求，产物供附近农户免费取用（在田间堆置 10 d 以上方可使用）。

工艺特点：①预处理工艺简单，投资运行成本相对较低，但仍存在渗滤液滴漏、残存物料清理困难、人工清理台有安全隐患等问题（图 3-20）；②阳光房共 6 间（图 3-21），单间进料 3～5 d 后封仓，通过铲车进料、翻堆（周期内 2～3 次），较为便捷；③阳光房仓内温度较高，采用定时定量曝气措施［隔 30 min 曝气 30 min，曝气量 0.9 L/（kg/min）］和添加菌剂强化好氧发酵过程，发酵周期相对较短（15～30 d）；④阳光房顶部配有恶臭收集通道，采用光催化法进行臭气净化（图 3-22），处理效果较好，厂界无明显恶臭；⑤阳光房内部湿度较高，地面有青苔生长，墙壁及地面无收集导流槽，存在一定的二次污染问题。

分拣台

传送带

破碎架桥处理台   粉碎机+铲车

图 3-20   案例二垃圾处理项目预处理设备

阳光房外观   阳光房内部

图 3-21   案例二垃圾处理项目阳光房外观和内部实景

抽气和爆气装置   废气处理装置

图 3-22   案例二垃圾处理项目抽气和曝气装置、废气处理装置

案例三

案例名称: 杭州市××镇垃圾处理项目。

72

处理对象：农贸市场产生的厨余垃圾。

处理规模：2～3 t/d。

项目简介：项目服务人口约 2500 人，项目建筑面积约 180 m²，总投资约 150 万元。项目所在地垃圾分类收集率在 97% 以上，农户垃圾分类参与率大于 95%，分类正确率维持在 90% 以上。项目主体发酵工艺为太阳能辅助堆肥（动态堆肥），采用"空间小、数量多"的设计思路，共设置 14 间堆肥发酵单元，各单元互不干扰，堆肥周期为 10～20 d；阳光房内部具有强制通风装置、渗滤液外排管道和恶臭收集通道；阳光房顶部全采用钢化采光玻璃，玻璃与水平呈一定夹角，上方进料，下方出料，出料门为钢化玻璃保温舱门，距离地面 50 cm；配套有预处理、废水废气处理设施，共有 3 名操作工人。项目采用"机械传送—破碎匀质—挤压脱水—太阳能辅助堆肥—产物分级筛分—废水废气处理"为主的工艺路线，堆肥产物含水率低于 45%，植物种子发芽指数 >70%，品质基本满足《有机肥料》（NY/T 525—2021）和浙江省《农村生活垃圾分类处理规范》（DB33/T 2091—2018）相关标准，年产有机肥 117 t，土壤改良剂 59 t。

工艺特点：①预处理工艺简单，破碎粒径均一，物料纯化度和匀质度高，处理效果好，但投资与运行成本相对偏高；②阳光房单元数量为 14 间，各单元房间互不干扰，堆高约 1.5 m，每间 3～5 d 填满，每 7 间共用一个机械式绞龙进行搅拌（图 3-23），简单便捷且空间利用率高；③腐熟稳定后进行机械筛分，筛下物一部分作为堆肥辅料回用以调节初始物料的含水率与碳氮比，剩余部分作为有机肥或土壤改良剂利用，筛上物并入其他垃圾；④阳光房顶部配有恶臭收集通道，采用活性炭吸附过滤法进行臭气净化，处理效果相对较好，厂界无明显恶臭；⑤挤

		操作平台	传送带							
工具房	管理房	堆肥筛分间	1	2	3	4	5	6	7	垃圾破碎间
仓库			8	9	10	11	12	13	14	

图 3-23　案例三垃圾处理项目太阳能辅助堆肥设施俯视平面图和现场图

1～14 为堆肥发酵单元

压脱水产生的废水通过"升流式厌氧污泥反应床（upflow anaerobic sludge blanket, UASB）+AO^4 微氧曝气+均相氧化絮凝"组合工艺进行处理，废水处理规模 2 t/d，出水水质达到《污水排入城镇下水道水质标准》（GB/T 31962—2015）后纳管排放。

3.5　村镇易腐垃圾地埋式厌氧产沼技术

3.5.1　主要工艺流程

村镇易腐垃圾地埋式厌氧产沼技术主要包含预处理系统、地埋式厌氧产沼、沼气净化与沼气户用、沼液处理系统和沼渣处理系统几部分，主体工艺流程见图 3-24。具体工艺运行过程如下。

（1）预处理系统：由于部分易腐垃圾分类不彻底，分类后易腐垃圾中仍混杂大量塑料、玻璃、金属等杂质。易腐垃圾在进行厌氧产沼处理前通常需采用破袋、纯化除杂和破碎匀质的方式进行预处理。易腐垃圾破袋通常采用机械破袋的方式。易腐垃圾纯化除杂通常采用机械或人工分选的方式来剔除易腐垃圾中的塑料、玻璃、金属等杂质。经纯化除杂后，易腐垃圾进入破碎匀质单元，粒径被破碎至 50mm 以下后进入后端易腐垃圾厌氧产沼处理设施。除杂后的固渣经清运后运送至末端焚烧厂或填埋场进行处理。根据垃圾分类的具体质量情况，可选择性地配置需要的预处理环节。

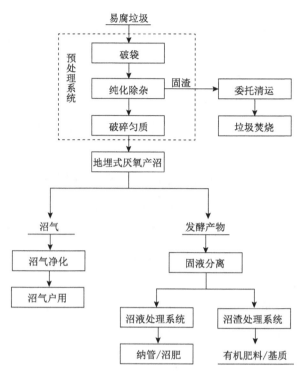

图 3-24　村镇易腐垃圾地埋式厌氧产沼技术主体工艺流程

（2）地埋式厌氧产沼：地埋式厌氧产沼通常采用一体化的地埋式厌氧发酵罐，占地面积相对较小，操作相对简单。经过纯化除杂和破碎匀质后的易腐垃圾浆料通过人工或螺旋输送的方式输送至地埋式厌氧产沼系统内。厌氧产沼系统主要为一体式的厌氧发酵罐，通常包含进料系统、出料装置、沼液回流喷淋装置、机械搅拌装置等。厌氧产沼系统进料含固率一般控制在 15%以下，物料在厌氧产沼系统内的停留时间一般为 45~60 d，通常采用常温、中温（35℃）或高温（55℃）厌氧发酵的方式。物料经过厌氧发酵后产生沼气和发酵产物，发酵产物经固液分离器分离后产生沼液和沼渣。随后，沼气、沼液和沼渣再经过进一步的处理和利用。

（3）沼气净化与沼气户用：沼气产生后通过沼气脱水器和沼气脱硫塔进行脱水和脱硫，随后进一步进行利用。沼气脱水通常采用冷凝法、液体溶剂吸收法、吸附干燥法等方法。沼气脱硫通常采用干法脱硫塔或湿法脱硫塔。沼气净化后户用应符合以下规定：①沼气经脱水、脱硫处理后进入输配管网，沼气中硫化氢含量应小于 20 mg/m³；②沼气输送宜采用管网输送方式，输送管网的选择、设计与质量应符合《农村沼气集中供气工程技术规范》（NY/T 2371—2013）的要求；③沼气供应前，应对用户进行沼气安全使用知识培训，并提供使用手册，使用户熟知沼气使用注意事项；④根据脱硫效果，定期更换脱硫剂，防止出现脱硫剂失活、板结，严重时造成沼气阻塞。

（4）沼液处理系统：厌氧消化产生的沼液通常采用农业综合利用、密闭运输送到城市污水处理厂处理、就近纳管或达标排放等方式进行处理。沼液农业综合利用消纳应符合《复合微生物肥料》（NY/T 798—2015）和《含腐植酸水溶肥料》（NY 1106—2010）中相关要求。沼液处理通常采用生化与物化组合工艺进行处理。采用就近纳管方式时，沼液处理后应达到《农村生活污水处理设施污水排入标准》（DB33/T 1196—2020）中规定要求；采用直接排放方式时，应对沼液进行处理后达标排放，排放水质应稳定达到《污水综合排放标准》（GB 8978—1996）要求。

（5）沼渣处理系统：固液分离后的沼渣进入沼渣利用与处理系统，经过堆肥化处理后形成肥料和基质，然后进一步利用。利用前须进行无害化处理，应充分堆肥化腐熟，符合《有机肥料》（NY/T 525—2021）中相关要求。对于无法消纳的沼渣，应在脱水后运送至固废处理终端进行焚烧或填埋处理，符合《生活垃圾焚烧污染控制标准》（GB 18485—2014）及《生活垃圾填埋场污染控制标准》（GB 16889—2008）中相关要求。

3.5.2 主要技术要点

1. 技术原理

针对易腐垃圾有机质含量丰富、含水率高等特点，本模式主要包含了易腐垃圾预处理系统、地埋式厌氧产沼、沼气净化与沼气户用、沼液处理系统和沼渣处理系统。易腐垃圾经厌氧消化后产生沼气、沼液和沼渣，然后进一步进行资源化利用与处理。

易腐垃圾预处理：包括破袋、破碎和分选等部分。易腐垃圾破袋方法主要有高速冲击、剪切、撕扯等方式。根据工作原理不同，易腐垃圾破碎装置一般分为冲击式、压缩式、摩擦式、剪切式等多种类型。易腐垃圾分选装置可分为筛选（滚筒筛、固定筛、振动筛等）、磁选、风选、人工分选等形式（王昊书，2015）。

厌氧产沼（厌氧消化）：是指在受控的无氧条件下，有机物通过微生物的代谢活动而被稳定，同时产生甲烷和二氧化碳等气体的过程（秦勇，2020）。由于在实现废弃物减量的同时可以产生大量的清洁沼气能源，厌氧消化常被用于城市有机生活垃圾、养殖场粪污、农业有机废弃物、污水厂污泥等多种有机废弃物的处理处置。目前，主流的厌氧消化"四阶段理论"将厌氧消化划分为水解、酸化、乙酸化和甲烷化四个阶段（图 3-25）（郭晓慧，2014）。水解是复杂有机物分解为可溶性有机物单体的反应过程。这一反应过程通常以碳水化合物、蛋白质和脂肪等大分子有机物为底物，经由水解和发酵细菌的胞外酶催化作用，生成可溶性的糖类、氨基酸、脂肪酸等最终产物。酸化是水解产物（糖类、氨基酸、长链脂肪酸等）在产酸微生物的作用下被发酵为挥发性脂肪酸（volatile fatty acids, VFAs）、H_2、CO_2 和 NH_3 等的过程。水解和酸化过程主要是由水解酸化细菌完成，这类细菌又称发酵细菌，主要由兼性厌氧菌和专性厌氧菌组成。乙酸化是酸化产生的碳水化合物经微生物发酵作用生成乙酸、CO_2 和 H_2 等产甲烷微生物可以利用的底物的过程。同时，厌氧消化过程中还存在同型产乙酸过程，以 H_2 等作为电子供体、CO_2 作为电子受体，通过厌氧乙酰辅酶 A 的途径产生乙酸。乙酸化过程主要由产氢产乙酸菌（hydrogen-producing acetogens, HPA）完成，而同型产乙酸过程主要由同型产乙酸菌（homoacetogenic bacteria, HB）发挥作用。甲烷化是产甲烷微生物利用胞内酶通过一系列生化反应过程将 CO_2 或甲基类化合物的甲基转化为甲烷的过程。根据生化反应底物的不同，甲烷化过程可分为：氢营养型甲烷化（以 H_2 为底物）、甲基营养型甲烷化（以甲醇、甲胺等含甲基的物质为底物）和乙酸营养型甲烷化（以乙酸为底物）（图 3-25）。氢营养型甲烷化途径主要以 H_2 作为电子供体，在产甲烷菌胞内氢酶的作用下将 CO_2 还原为甲烷。以氢营养型甲烷化过程生产甲烷的产甲烷微生物被称为氢营养型产甲烷菌

（hydrogenotrophic methanogen, HM）。甲基营养型甲烷化过程主要有 H_2 依赖型代谢和严格甲基营养型代谢两种模式。前者利用 H_2 作为电子供体，将甲基基团还原为 CH_4；而后者通过氧化甲基类化合物获得电子，将甲基基团还原为 CH_4。以甲基营养型甲烷化过程生产甲烷的产甲烷微生物被称为甲基营养型产甲烷菌（methylotrophic methanogens, MM）。乙酸营养型甲烷化主要通过产甲烷微生物将乙酸裂解为甲基和羧基基团，然后通过氧化羧基基团产生电子供体将甲基基团还原为 CH_4。以乙酸营养型甲烷化过程生产甲烷的产甲烷微生物被称为乙酸营养型产甲烷菌（acetoclastic methanogen, AM）。

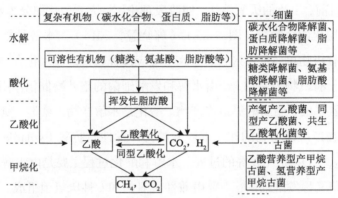

图 3-25　厌氧消化过程物质转化与各阶段所涉及微生物

沼气净化：包括脱水、脱硫等步骤。沼气脱水一方面有助于提高沼气热值，另一方面也避免了部分水溶性腐蚀性气体（H_2S、NH_3 等）对管道和储存容器的腐蚀。沼气脱水通常采用冷凝脱水法、液体溶剂吸收法、吸附干燥法等方法（韩文彪等，2017）。沼气冷凝脱水法是利用压力能变化引起温度变化，使水蒸气从气相中冷凝下来的方法。常用的沼气冷凝脱水法有节流膨胀冷脱水法和加压后冷却法。液体溶剂吸收法是通过吸水性极强的溶液将沼气中水分分离的方法。液体溶剂吸收法常用的脱水溶剂有氯化钙、氯化锂和甘醇类。吸附干燥法是指沼气在固体吸附剂表面力作用下脱除水分的方法，通常分为脱水后不可再生的化学吸附和脱水后可再生的物理吸附两种方式。常用于沼气脱水的固体吸附剂有分子筛、活性氧化铝、硅胶以及复合干燥剂等。在沼气脱水过程中，通常采用冷凝脱水法与吸附干燥法结合的方式进行，经过冷凝脱水法初步脱除沼气中的部分水分后再采用吸附干燥法对沼气进行精脱水。由于 H_2S 具有剧毒性和强腐蚀性，沼气通常要进行脱硫处理。沼气脱硫一般分为干法脱硫、湿法脱硫和生物法脱硫（王睿，2017）。根据原理的不同，干法脱硫可分为化学吸附法、化学吸收法和催化加氢法等。化学吸附法通过脱硫剂吸附沼气中的硫化物进而达到脱硫的目的。化学吸收法是通过脱硫剂与沼气中的硫化物反应进而脱除硫化物的方法。催化加氢法是在催化剂的作用下将沼气中的有机硫转化为 H_2S 然后进一步将其脱除的方法。湿法脱硫是沼气与溶剂逆流接触去除 H_2S，然后将溶剂再生重复利用的脱硫方法。常见的湿法脱硫方法有湿式氧化法、物理吸收法和化学吸收法等。湿式氧化法是利用中性或弱碱性的氧化剂溶液对 H_2S 气体先吸收后氧化的方法。常用的湿式氧化催化剂有硫代砷酸的碱金属盐类、对苯二酚、氧化铁、氢氧化铁等，吸收液有氨水、碳酸钠等。物理吸收法利用沼气中不同组分在特定溶剂中的溶解度差异来去除 H_2S，常用的溶剂主要有甲醇、碳酸丙烯酯、聚乙二醇二甲醚等。化学吸收法主要是利用特定溶剂与 H_2S 的酸碱可逆反应来去除 H_2S 的方法，常用碱性液体吸收法和改良蒽醌二磺酸法等。生物法脱硫是利用微生物代谢活动将 H_2S 分解为硫酸盐或单质硫的方法，主要包括滴滤法、过滤法和吸附法。

2. 技术优势

村镇易腐垃圾地埋式厌氧产沼技术主要针对分散式的易腐垃圾处理模式，集成了易腐垃圾预处理、地埋式厌氧产沼、沼气净化与利用、沼液利用与处理和沼渣利用等技术。整个技术在节省处理处置成本、提高资源化和无害化水平等方面具有明显的技术优势，主要表现如下。

（1）节省运输成本。相比于集中式的规模化易腐垃圾处理技术，在垃圾产生的源头采用分散式的村镇易腐垃圾地埋式厌氧产沼技术进行处理实现了村镇易腐垃圾的就地资源化，极大地减少了垃圾运送至末端处理处置设施的运输费用，减少了项目的运营成本。

（2）运维操作难度相对较低，设备故障率低。相比于规模化的易腐垃圾厌氧产沼技术和机械化的易腐垃圾资源化技术，村镇易腐垃圾地埋式厌氧产沼技术的主体设备采用一体化厌氧发酵设备，构造简单，不易出现故障，运维难度较低，对运维人员的技术水平要求不高。

（3）占地面积小，环境状况良好。由于一体化厌氧发酵设备被埋于地下，极大地减少了设备的占地面积，易腐垃圾经过简单预处理后直接输送至埋于地下的厌氧发酵设备中，地上可进一步进行绿化，表观环境得到美化，对周边环境影响较小。

（4）资源利用效率高，无害化程度高。村镇易腐垃圾地埋式厌氧产沼技术多用于农村地区，产生的沼气经简单净化后就近接入农户作为燃气使用，沼渣经资源化处理满足《有机肥料》（NY/T 525—2021）或其他相关标准后可作为肥料或基质供附近种植业使用，沼液经处理满足《复合微生物肥料》（NY/T 798—2015）和《含腐植酸水溶肥料》（NY 1106—2010）中相关要求后也可就近进行农业综合利用消纳，极大地提高了易腐垃圾资源化利用的效率。同时，易腐垃圾主要在密封的厌氧发酵设备内进行厌氧消化，极少产生恶臭气体影响周边环境，沼液经处理达到《农村生活污水处理设施污水排入标准》（DB33/T 1196—2020）或《污水综合排放标准》（GB 8978—1996）要求后进行纳管或直排，实现了易腐垃圾资源化过程的高度无害化。

3.5.3　适用范围

（1）规模适应性：村镇易腐垃圾地埋式厌氧产沼技术主要适用于村镇生活垃圾分类后日处理量小于 5 t/d 的易腐垃圾资源化需求。易腐垃圾地埋式厌氧产沼处理设施以《沼气工程规模分类》（NY/T 667—2011）为依据，结合易腐垃圾产生情况、经济效益和处理需求等确定适宜的建设规模，多采取一村一建，多村联建方式。

（2）物料适应性：主要适用于分类后的农村家庭生活产生的厨余垃圾，民宿、农家乐、农村企事业单位食堂等集中供餐单位产生的餐厨垃圾，农贸市场产生的生鲜垃圾以及易腐农作物秸秆、蔬菜烂叶等的减量资源化处理。在配套预处理设施缺乏的设施站点，物料中杂质含量需控制在较低的水平。

3.5.4　产品质量与出路

村镇易腐垃圾地埋式厌氧产沼技术主要产生沼气、沼液和沼渣三种产物。沼气产生后通过沼气脱水器和沼气脱硫塔进行脱水和脱硫，随后进一步进行利用。沼气中甲烷含量通常在 60% 以上，经过净化后用户应符合以下规定：①沼气经脱水、脱硫处理后进入输配管网，沼气中硫化氢含量应小于 20 mg/m³；②沼气输送宜采用管网输送方式，输送管网的选择、设计与质量应符合《农村沼气集中供气工程技术规范》（NY/T 2371—2013）的要求；③沼气供应前，应对用户进行沼气安全使用知识培训，并提供使用手册，使用户熟知沼气使用注意事项；④根据脱硫效果，定期更换脱硫剂，防止出现脱硫剂失活、板结，严重时造成沼气阻塞。沼液可进行农业综合利用消纳，应符合《复合微生物肥料》（NY/T 798—2015）和《含腐植酸水溶肥料》（NY 1106—2010）中相关要求。沼渣经过堆肥化处理后形成肥料和基质，然后进一步利用。利用前需进行无害化处理，应充分堆肥化腐熟，符合《有机肥料》（NY/T 525—2021）中相关要求。

3.5.5　经济效益分析

村镇易腐垃圾地埋式厌氧产沼技术将农村易腐垃圾经分选除杂、破碎匀质等预处理后，通过一体化地埋式厌氧发酵罐发酵，形成沼气、沼液液体肥、沼渣固体肥料等产品。

整套模式的前期建设投资相对较高，土地建设和设备购置成本在 60 万元/t 垃圾左右；运行成本包括但不限于预处理设施和地埋式厌氧产沼设施的运维费用、二次污染防治技术费用、沼液沼渣的处理费用、设备折旧费以及员工薪酬等。以日处理 2 t/d 的某地埋式厌氧产沼站点为例，主要经费投入如下：①设备为简易厌氧发酵罐，基本无电费消耗；②沼液产生量为 0.3 t/t 垃圾，沼液处理费用按 100 元/t 计，则沼液处理费用约为 30 元/t 垃圾；③沼渣进行焚烧的处理费用约为 300 元/t 沼渣，进行堆肥化的处理成本约 112 元/t 沼渣。④配备操作工 1 人，每月平均工资 3000～3500 元；⑤其他费用，如沼气脱水脱硫耗材更换费用、设备维修等。

该模式主要收益如下：①简易厌氧发酵罐中每吨易腐垃圾产生 $10\sim15\ m^3$，沼气以 1 元/m^3 的售价供农户使用；②沼液生产液体肥产品的售卖收入；③沼液生产固体肥或基质产品的收益。然而由于发酵后的固液混合物仍难达到液体肥的相关标准，无法实现产品盈利。但该模式具有资源化及环保属性，可获得一定政府补贴，以维持项目长期稳定运营，视所在地区经济发展水平及政府对垃圾处理处置重视程度略有差异。

综上，易腐垃圾地埋式厌氧产沼设施的前期建设成本相对较高，而由于运行过程中相对能耗较低，运维简单，虽然沼渣沼液处理成本高但对应收益也较高，同时沼气利用价值高，市场广泛，沼气产气率也有极大的提升空间。因此，该模式总体经济效益有较大提升空间。

3.5.6 技术瓶颈

受限于生活垃圾分类水平和投资水平，当前村镇易腐垃圾地埋式厌氧产沼技术相对简易的一体式厌氧发酵罐设备，缺乏较为完善的配套设施设备，存在安全管理要求高、检修与清理难度大、对垃圾分类质量要求高、设施设备效能偏低、二次污染防治难等多方面技术瓶颈问题。

（1）安全管理要求高。村镇易腐垃圾地埋式厌氧产沼技术工程属于典型的沼气工程，在运维过程中涉及沼气的产生与输送，安全措施需满足《沼气工程安全管理规范》（NY/T 3437—2019）的相关要求，需要全面提高设施现场沼气浓度预警，强化运维人员的沼气设施安全意识，避免沼气泄露风险。同时，分散式的处理模式也加大了这项技术安全管理的难度。

（2）检修与清理难度大。因设备埋于地下，当设备出现故障需要检修或者残渣较多需要清理时难度较大，在设备的设计、运行、安装中都需要考虑如何减少检修与清理频率、降低检修与清理难度。

（3）对垃圾分类质量要求高。村镇易腐垃圾地埋式厌氧产沼技术工程往往投资较低，预处理设施配套不完善，技术对原料的适应性相对较差。同时，由于地埋式罐体的检修与清理难度大，过多的杂质输入会提高设备的检修与清理频率。

因此，为了保证设备的良性运行，该项技术对垃圾分类质量的整体要求较高。

（4）设施设备效能偏低。受限于投资水平，村镇易腐垃圾地埋式厌氧产沼技术多采用相对简易的一体式厌氧发酵罐设备，缺乏搅拌和必要的控温措施，导致发酵物料混合不均匀、局部酸化、微生物活性降低等多方面问题，最终使得设施设备整体效能偏低。

（5）二次污染防治难。村镇易腐垃圾地埋式厌氧产沼技术主要的二次污染为恶臭和沼液。尽管该技术在运行过程中处于全封闭状态，恶臭外排较少，但是在进料过程中由于易腐垃圾暴露时间过长时也会出现恶臭外逸现象。现有的易腐垃圾地埋式厌氧产沼技术很多都不配备恶臭处理设施，难以满足《恶臭污染物排放标准》（GB 14554—1993）的要求，可能会影响周边环境，引发"邻避效应"。同时，部分地方沼液未经处理直接作为肥料施用，无法满足《复合微生物肥料》（NY/T 798—2015）和《含腐植酸水溶肥料》（NY 1106—2010）中相关要求，也导致了污染的转移。

3.5.7　三废处理

村镇易腐垃圾地埋式厌氧产沼技术在处理易腐垃圾的过程中会产生沼气、沼液、沼渣等产物，在易腐垃圾输入厌氧发酵罐前也会产生部分恶臭气体。沼气是该技术最主要的资源化产品。而沼液和沼渣经过适当处理后可进行肥料化利用，也可和恶臭气体一样直接进行处理处置。其主要处理处置的方法与要求如下。

（1）沼液处理：厌氧消化产生的沼液通常采用农业综合利用、密闭运输送到城市污水处理厂处理、就近纳管、达标排放等方式进行处理。沼液农业综合利用消纳，应符合《复合微生物肥料》（NY/T 798—2015）和《含腐植酸水溶肥料》（NY 1106—2010）中相关要求。沼液处理通常采用生化与物化组合工艺进行处理。采用就近纳管方式时，沼液处理后应达到《农村生活污水处理设施污水排入标准》（DB33/T 1196—2020）中规定要求；采用直接排放方式时，应对沼液进行处理后达标排放，排放水质应稳定达到《污水综合排放标准》（GB 8978—1996）要求。

（2）沼渣处理：沼渣通常采用堆肥化的方式进行进一步的处理与利用，沼渣的利用与处理应符合下列规定：沼渣宜优先作为肥料或基质利用，利用前须进行无害化处理，应充分腐熟，符合《有机肥料》（NY/T 525—2021）中相关要求。对于无法消纳的沼渣，应在脱水后运送至固废处理终端进行焚烧或填埋处理，符合《生活垃圾焚烧污染控制标准》（GB18485—2014）及《生活垃圾填埋场污染控制标准》（GB 16889—2008）中相关要求。

（3）恶臭处理：由于易腐垃圾采用密封式的厌氧发酵罐进行处理，村镇易腐垃圾地埋式厌氧产沼技术在处理易腐垃圾过程中产生的恶臭较少。易腐垃圾在进罐前暴露时间过长时会产生恶臭气体，当恶臭气体排放超过《恶臭污染物排放标准》（GB14554—1993）时要考虑对恶臭气体进行收集与处理。恶臭气体的处理通常采用稀释扩散法、掩盖法、催化燃烧法、化学氧化法、光催化氧化法、生物处理法等方法，经处理后恶臭需达到《恶臭污染物排放标准》（GB14554—1993）的要求。

3.5.8　典型案例分析

案例名称：诸暨市××村农村厨余废弃物资源化利用项目。

处理对象：农村家庭生活产生的厨余垃圾，集中供餐单位产生的餐厨垃圾，村民自带回家的易腐农作物秸秆、蔬菜烂叶等。

处理规模：2 t/d。

项目简介：该项目主体设备为地埋式的有机垃圾一体化厌氧发酵设备及各流程设备设施（图 3-26），日处理厨余废弃物 2t，设备投资 120 万元，覆盖范围可达到 110 多户农户。项目通过"破袋除杂—破碎匀质"后，将垃圾输入添加了特定厌氧菌的厌氧发酵罐（图 3-27）中，并在厌氧菌的作用下，将厨余废弃物分解发酵，经过 60～80d 的处理最终产生以沼气为主的气体和沼液。产生的气体可以直供家庭使用，减少燃料的使用。产生的沼液可作为液体肥，替代农药和化肥供农户施肥使用。

有机垃圾一体化厌氧发酵设备全景　　　　　太阳能辅助增温系统与沼气储气柜

地埋式厌氧产沼设施进料口　　　　　　有机物酸化池

沼气汽水分离器与脱硫塔　　　　　　有机贮液池

图 3-26　农村厨余废弃物资源化利用项目

工艺特点：该工艺处理规模 2 t/d，发酵罐罐体有效容积为 150 m³，发酵温度为常温发酵，停留时间为 60～80 d，吨垃圾沼气产量 10～15 m³，甲烷含量约为 60%，沼气经脱硫后输送至 110 多户农户使用，沼气销售费用 1 元/m³，沼渣和沼液混合物产量 0.3 t/t垃圾，无须进行固液分离，可直接作为液体肥供农户施用。

85

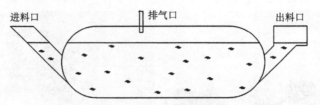

图 3-27　地埋式易腐垃圾厌氧发酵罐主体结构图

3.6　村镇易腐垃圾生物蛋白转化技术

3.6.1　主要工艺流程

村镇易腐垃圾生物蛋白转化技术主体工艺（图 3-28）由物料预处理单元（破碎除杂、三相分离提油，图 3-29）、幼虫孵化单元、虻/蛆养殖单元、虫粪分离单元、虻/蛆粪二次堆肥单元和废水废气处理单元等工艺单元组成。

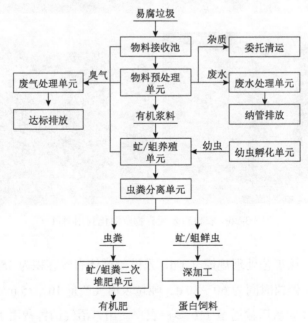

图 3-28　村镇易腐垃圾生物蛋白转化技术工艺流程

具体工艺运行过程如下。

（1）物料预处理单元：易腐垃圾（餐厨垃圾）经收运车从收集点收集后运至处置中心，将收集的垃圾倒入卸料池或卸料仓等接收装置，再经输送带或输送机输送至预处理系统。预处理系统主要为以下三种类型。

第一，破碎除杂耦合辅料调理型：原料接收池中的易腐垃圾（餐厨垃圾）经输送机输送到预处理系统，经分拣破碎机完成人机配合二次分拣、粉碎精分、搅拌制浆，然后于调节池中短暂厌氧发酵后，添加米糠、麦麸等辅料以调节高含水率的有机废弃物来获得含水率适宜于昆虫幼虫喂养的有机浆料，喂食昆虫幼虫。预处理过程中分选出的残渣、杂质外运单独处理，不进行脱水与脱油处理。

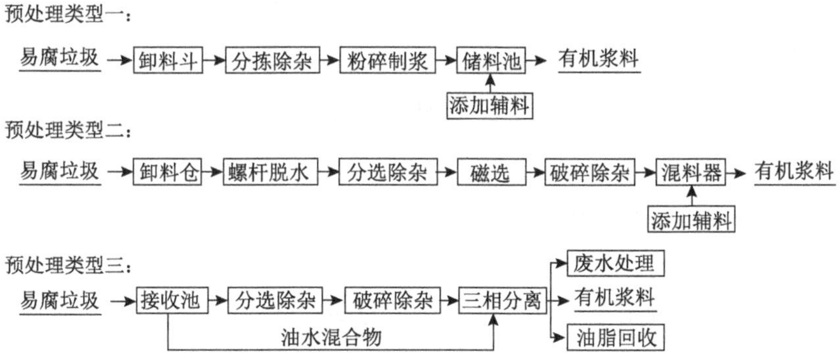

图 3-29　村镇易腐垃圾生物蛋白转化技术物料预处理流程图

第二，机械脱水耦合辅料调理型：从卸料仓出来的易腐垃圾（餐厨垃圾），经沥水设备处理后得到油水混合物和固体餐厨垃圾，油水混合物进入油水分离单元；脱水脱脂后的易腐垃圾经分选除杂将餐具、玻璃瓶等杂物去除后，破碎并制成浆料后进入存储罐或混料区，适当投入一定量的米糠、麦麸等辅料，调制成含水率适宜于昆虫幼虫喂养的有机浆料，喂食昆虫幼虫。预处理过程中分选出的残渣、杂质外运单独处理。

第三，物料三相分离除油制浆型：易腐垃圾（餐厨垃圾）在接收池短暂停留后，输送至分选筛分设备进行除杂处理，沥出的部分油水混合物送往三相分离系统，分选后杂物中的金属收集后回收利用，其余杂物委托清运处理，然后输送初步纯化的易腐垃圾进入破碎机，进一步除杂后将物料破碎成浆料，将浆料加热后进行三相分离，分离出的粗油脂储存于储油罐中回收利用，废水排入收集池中进一步处理，有机固渣暂存于储料单元以备后续处理。由于产生的有机固渣含水率相对较低，因此只需根据情况适当添加少量辅料调节水分至适宜于昆虫幼虫喂养的有机浆料即可。

预处理类型二和类型三中沥出的油水混合物进入到提油单元，经过加热装置将温度升高到 80℃左右，然后泵入三相卧式离心机，依据固渣、水、油的密度差异将其分离，分离出的油脂存于储油罐中以待销售，废水进入污水处理系统，有机固渣用于喂养昆虫幼虫。

（2）幼虫孵化单元：将昆虫成虫交配后产下的卵（或外购虫卵）置于 30℃左右的恒温箱内，经一定时间孵化出幼虫（黑水虻经约 70 h 孵化出虻幼虫，红头苍蝇经 12～24 h 孵化出蝇蛆），添加适量辅料短期喂食后，以备易腐垃圾生物转化处理。

（3）虻/蛆养殖单元：从物料接收池输送出来的易腐垃圾经预处理后，将制得的有机浆料经人工投加或机械铺料用于生物转化处理。将适龄幼虫投喂到养殖池或槽中，经取食、消化等新陈代谢作用以及微生物协同降解作用，实现垃圾的减量化，昆虫幼虫处理有机浆料并用于自身生长发育，同时从体内排出虫粪。

（4）虫粪分离单元：获得的成熟化蛹前的老熟幼虫与虫粪以及残留物，利用昆虫幼虫避光性的特点以及虫-渣粒径差，经过人工或机械筛分后，幼虫可用来加工制备高附加值的昆虫蛋白源饲料等，虫粪残留物经二次堆肥处理后可加工成有机肥产品。

（5）虻/蛆粪二次堆肥单元：经过昆虫生物处理后的残留物与虫粪因发酵周期较短、腐熟度仍达不到园林绿化或农用要求，因此需要进行二次堆肥腐熟，虫-渣分离后的残渣含水率较低，且呈颗粒状，可通过添加菌剂、辅料使其快速腐熟为无致病菌、质地疏松、无臭的有机肥料。

（6）废水废气处理单元：易腐垃圾在预处理、生物蛋白转化等过程中产生的臭气由管道统一收集，经除臭系统处理后达标排放。预处理产生的污水、收运车与车间冲洗水、生活生产废水统一收集经污水处理系统处理后，达到排放标准后排放。

3.6.2　技术原理与优势

1. 技术原理

生物蛋白转化技术是利用一些昆虫幼虫生长快、周期短、营腐生性且食腐性广的特点，基于食物链的物质循环过程，将前端收集的易腐垃圾（餐厨垃圾）经过分选、破碎、制浆等预处理后，投加适量的辅料（米糠、麦麸等）制得含水率适宜的适口性浆料，然后利用昆虫幼虫进行生物转化处理。

常用的昆虫有黑水虻、家蝇、红头苍蝇等。黑水虻，学名亮斑扁角水虻，属双翅目水虻科昆虫，其生命周期短，适宜条件下 30～40 d 即可完成一个世代，生长繁殖迅速，产卵一次可达千粒（任立斌，2020）。家蝇、红头苍蝇（由野生丝光绿蝇驯化而来），也均属双翅目昆虫，分布地区广泛，世代时间短，繁殖能力强。

昆虫生长需经历卵、幼虫（蛆）、蛹、成虫四个时期，不同时期有着不同的形态与特征。昆虫幼虫喜好摄食畜禽粪便、厨房下脚料、腐肉等易腐组分且食量大、易管理。因此，处理餐厨等易腐垃圾主要集中在幼虫阶段。蝇蛆处理周期较短，为 3～5 d，黑水虻幼虫处理周期相对较长，为 7～10 d。同时，成熟的幼虫营养成分高，黑水虻成熟幼虫体为乳白色，长约 20 mm，体态肥胖，呈长条椭圆形，粗蛋白含量（42%～45%）、粗脂肪含量（31%～35%）高（余琳，2018）。蝇蛆体长 5～13 mm，乳黄色，长圆锥形，高蛋白（56%～63%）、低脂肪（10%～14%）（余琳，2018；李黔军和黄雪飞，2009；斯琴高娃等，2008）。

昆虫幼虫的摄食以及肠道微生物协同作用下的新陈代谢过程可以将易腐垃圾中的有机废弃物转化为富含蛋白质和脂肪的幼虫生物质与虫粪。在快速获得昆虫蛋白的同时，在好氧微生物的协同作用下，促进有机浆料发生腐殖化，降低易腐垃圾的含水率。昆虫幼虫体内含有大量抗菌活性的碱性多肽物质——抗菌肽，在生物转化过程中能够杀灭绝大多数有害微生物（高俏等, 2016）。昆虫幼虫与虫粪经筛分后，昆虫幼虫可经过后续深加工制取蛋白饲料等获得高附加值产品。虫粪等残渣可进行二次堆肥处理生产有机肥。因此，易腐垃圾经昆虫幼虫处理转化后，能够实现减量化、资源化。

2. 技术优势

垃圾分类的推行，推动了末端易腐垃圾资源化处置技术的发展。生物蛋白转化技术作为新兴的生物处理技术，能够很好地实现易腐垃圾（餐厨垃圾）的减量化与资源化，同时该技术与其他处理技术相比，具有养殖周期短、转化效率高，昆虫蛋白附加值相对较高，养殖过程温度适中、能量消耗低的特性，其技术优势主要体现如下。

（1）养殖周期短、转化效率高。蝇蛆 3～5 d 可完成易腐垃圾蛋白质转化，黑水虻幼虫在 7～10 d 内也可实现易腐垃圾（餐厨垃圾）资源的生物转化。因此，昆虫生物蛋白转化技术具有养殖周期短、转化效率高的特点。

（2）昆虫蛋白附加值相对较高。昆虫幼虫营养丰富，含有丰富的蛋白质、氨基酸、维生素以及各种动物所需微量元素，是一种具有潜力的饲料原料。以昆虫幼虫作为媒介的易腐垃圾生物蛋白转化工艺能够将废弃的生物质资源转化为具有高附加值的动物蛋白源饲料添加剂。虽然同样是作为饲料产品，但是将易腐垃圾有机质转化为昆虫蛋白后，避免了食物链风险及同源性污染问题。现今国际渔业萎靡，国内饲用蛋白资源市场日益紧缺，昆虫幼虫蛋白质含量丰富（黑水虻幼虫含 42%～45%的粗蛋白，蝇蛆含 56%～63%的粗蛋白），可作为鱼粉和豆粕的替代品，以活体饵料或者昆虫蛋白粉的形式用于水产与畜禽养殖。

（3）养殖过程温度适中，能量消耗低。昆虫幼虫的生长最适温度基本在 25～32℃范围内。除冬季需要适当增温，夏季高温期间需要适当降温外，基本无须外源辅助加热。此外，昆虫蛋白转化处理过程基本通过人机配合完成，大部分工艺如养殖物料添加、昆虫接种、虫渣分离、二次堆肥等工序仍以人工劳作为主，机械化程度相对较低，因而相较于好氧堆肥和厌氧产沼处理等模式，能耗相对较低。

3.6.3　适用范围

（1）规模适应性：生物蛋白转化技术可形成 100 t/d 以下的处理规模。由于受到养殖过程工程技术和装备的制约，难以实现高度机械化与自动化；不同龄期昆虫对环境条件的要求不同，需合理规划处置单元。因此，生物蛋白转化技术占地面积大，处理每吨易腐垃圾（餐厨垃圾）主体养殖单元占地需 0.15～0.35 亩[①]。因此，该技术主要适用于中西部或土地资源相对丰富的地区。

（2）物料适应性：生物蛋白转化技术主要适用于村镇地区经分类后产生的易腐垃圾（主要是餐厨垃圾）的减量资源化处理。物料主要需要具备以下特点：①物料具有低碳氮比。基于物料减量化程度、幼虫转化效率及幼虫产量适应性，含氮量较高的低碳氮比（碳氮比＜15）餐厨垃圾物料更为适合。②物料具有较好的可食性。尽管易腐垃圾厌氧产沼后产生的沼渣碳氮比也较低，但由于其黏性大，颗粒间空隙小，阻碍昆虫摄食，且用于昆虫合成自身蛋白所需的氮元素大部分存在于沼渣微生物细胞内，难以被昆虫取食，所以其养殖昆虫生物转化率较低。因此，生物蛋白转化技术主要适用于可食性好、含氮量高的低碳氮比餐厨垃圾、畜禽尸体、粪便等物料的处理，不适用于可食性差或高碳氮比的沼渣、厨余垃圾以及农贸市场生鲜垃圾的处理。

3.6.4　产品质量与出路

生物蛋白转化技术通过昆虫幼虫生物转化处理，将经预处理的易腐垃圾（餐厨垃圾）转变为昆虫鲜虫与虫粪。

昆虫鲜虫具有丰富的营养，常用的如黑水虻，其粗蛋白含量占干重的 42%～45%，脂肪含量占干重的 31%～35%；蝇蛆具有高蛋白低脂的特点，蛋白质含量为 56%～63%。昆虫幼虫富含动物所需的多种氨基酸，以及多种生命活动所需要的微量元素，重金属含量也符合饲料原料标准。同时经昆虫生物转化为虫体蛋白

---

① 1 亩≈666.67m² 。

后，可化解食物链风险及同源性污染问题，消除安全隐患。蛋白资源的匮乏与我国日益发展的养殖行业蛋白需求相矛盾，市场鱼粉的产量越来越无法满足国内养殖行业的需求，而昆虫幼虫的蛋白质含量丰富，其必需氨基酸的含量接近鱼粉，是不可多得的蛋白源饲料替代产品。目前生物蛋白转化技术所产幼虫主要外售于水产养殖行业，市场售价可达 2000～3000 元/t。

虫粪经二次堆肥加工处理后，有机质含量高达 78%～90%，可满足国家《有机肥料》（NY/T 525—2021）标准。产品含盐量（以氯离子质量分数计）在低于3.0%的情况下，可参照《复混肥料（复合肥料）》（GB/T 15063—2009）标准中不需要标注"含氯"的要求，进行资源化利用。生产的虫粪有机肥经安全性评价后可外售于园林绿化或农业农村土地利用等，售价可达 300 元/t 以上。

在生物蛋白转化技术中，易腐垃圾经预处理还可回收粗油脂，回收后的油脂储存收集后外售给具有国家资质的生物柴油公司用于生产生物柴油，粗油脂市场价约 4000 元/t。

3.6.5 经济效益分析

生物蛋白转化技术将易腐垃圾经分选除杂、破碎匀质之后，采用生物蛋白转化方式，形成了"易腐垃圾—调理制浆—昆虫饲养—蛋白饲料"的资源化生态产业链，产生大量昆虫幼虫、虫粪有机肥、油脂等资源化产品。

整套模式的前期建设投资相对较高，基础建设投资费、设备购置成本在50 万～80 万元/t垃圾左右；运行成本包括但不限于垃圾收运费用、设备运维费用、辅料投加、电费、设备维修费、员工薪酬、废水臭气等二次污染防治技术费用等。以设计处理量 100 t/d 为例，主要经费投入如下：①依照各项技术不同的需求，辅料添加是生物蛋白转化技术的主要成本，通常按照 1/8～1/4 的比例添加，辅料成本为 500～800 元/t；②废水产生量为 0.4～0.5 t/t垃圾，处理费用为 50～65 元/t垃圾；③配备员工 50 人左右，每人每月平均 3000～3500 元；④其他费用，如厂内电费、设备维修和零部件更换费用等，根据各项技术不同略有差异。

该模式主要收益如下：①根据不同技术流程，鲜虫产量为 0.025～0.15 t/t垃圾，昆虫鲜虫市场售价 2000～3000 元/t_{垃圾}；②提取油脂约 0.02 t/t_{垃圾}，油脂售价约 4000 元/t；③虫粪（有机肥）可制土壤调理剂和有机肥料等获得相应补贴。由于该项目具有资源化及环保属性，可获得一定政府补贴，以维持项目长期稳定运营，视所在地区经济发展水平及对垃圾处理处置重视程度略有差异。

综上，生物蛋白转化技术设施的前期建设成本和运行成本都相对较高，机械化程度低，运维较为复杂。但是其资源化产品丰富，虫干、鲜虫、油脂等产品收益都较高，虫粪符合资源化产品要求，待后续打通易腐垃圾资源化产品土地利用途径后，总体经济效益会有更大的提升空间，项目具有长期稳定运营的潜力和良好的经济效益。

3.6.6　技术瓶颈

目前生物蛋白转化技术因其养殖周期短、转化效率高，产品（昆虫蛋白）附加值相对较高，养殖过程能量消耗低等优势，使得不少人在此技术上进行了探索与实施。然而现阶段，生物蛋白转化技术仍存在不少问题，制约了它的发展。

（1）易腐垃圾物料杂质率高。目前尽管在不少地区已经大力推行了垃圾分类制度，但垃圾分类效果仍参差不齐，在易腐垃圾（餐厨垃圾）中仍混有大量的塑料、玻璃、金属等杂物。以餐厨垃圾为例，餐厨垃圾杂质率在 8%～10% 左右，农家乐收集的餐厨垃圾杂质率甚至更高。杂质率高则必须进行纯化预处理，不仅增加运行成本，还有很多有机质通过黏附在杂质上等方式被带走，造成有机质损耗，降低有机质得率，客观上降低了昆虫蛋白转化效率和总产量。同时过高的杂质率也会加重预处理阶段机器设备的负担，加大设备磨损程度，增加设备维修成本。

（2）养殖过程机械化自动化程度低。昆虫不同龄期所需的环境条件有所差别，需合理规划其生长环境，工厂车间至少要分为原料接收与预处理车间、虫卵孵化车间、昆虫幼虫生物处理车间、虫-粪分离车间、二次堆肥车间等。目前，虫卵孵化、幼虫养殖、虫粪分离与清洗等过程，机械化与自动化程度低，绝大多数工程处理 1 t 易腐垃圾需要 $100\sim240$ m^2，占地面积大，劳动强度相对较高，劳动力密集。

（3）养殖环境条件控制要求高。昆虫养殖过程中需要适宜的环境条件，幼虫生长温度常年需维持在 $20\sim35$℃，30℃左右时最佳，夏天温度过高需用冷风机等降温，冬天则需通过蒸汽、热风机等进行加热。幼虫的食料需要合适的含水率（70%～75%）以及含有适量的蛋白质等营养成分以保证获得的成熟幼虫品质高（蛋白质含量：虻虫>40%，蝇蛆>56%；脂肪含量：虻虫>30%，蝇蛆>10%）。同时光照、环境湿度等其他条件也都会影响昆虫交配率、产卵率、孵化率、生长发育及垃圾转化率等，因此需要控制好环境条件，为其营造良好环境。任何环节出现问题，都会影响整体效率。同时还需注意卫生无害化和生物安全性问题，做好免疫消毒防止传染病传播。

（4）虫卵收集过程机械化程度低，虫卵损失量大。昆虫交配产卵后，需将虫卵进行收集以备孵化。目前虫卵主要通过人工方式进行收集，机械化程度低、劳动强度大、人工成本高（约为 500 元/t 虫卵）。同时虫卵比较脆弱，人工收集过程中不可避免地造成不少虫卵损坏，影响产业效益。

（5）物料调质调理要求高，效益不明显。过高的水分不利于昆虫幼虫的生长发育及转化，而易腐垃圾含水率较高，如餐厨垃圾含水率 85%～90%，需要调节含水率至 70%～75%。调节含水率可通过机械脱水或添加大量辅料的方式进行。螺杆挤压脱水或三相分离等机械脱水方式可将餐厨垃圾含水率调控到 75%左右，然后添加少量辅料进一步调理，或者餐厨垃圾不经过机械脱水直接添加大量辅料。一般情况下，100 t 餐厨垃圾需添加含水率 15%左右的木屑、砻糠、麸皮等辅料 25 t 左右。调节含水率后有利于昆虫的养殖，同时辅料的添加改善了有机浆料的营养，促进昆虫蛋白转化率的提高，折合成每吨餐厨垃圾的鲜虫产量一般要高于简单利用机械脱水方式调节含水率的鲜虫产量。从经济性角度而言，机械脱水方式因提高了预处理的能耗从而使得成本增加，辅料的购买也需投入大量资金，通常来说，直接添加辅料比机器脱水方式成本投入高。

（6）生物蛋白转化率相对较低。昆虫幼虫的营养价值受易腐垃圾来料营养成分的影响，易腐垃圾的纯度与新鲜度也会严重影响昆虫幼虫的品质，从而影响昆虫幼虫产品品质的稳定性。氮元素是蛋白质的重要组成元素之一，目前一些餐厨垃圾生物蛋白转化企业受限于餐厨垃圾纯度不高以及餐厨垃圾含氮量低的现状，昆虫生物蛋白转化率相对较低。普遍来说目前相关企业处理每 100 t 餐厨垃圾产生 2～5 t 生物蛋白。

（7）资源化产物出路难。虫渣分离后获得昆虫鲜虫和虫渣残留物。经过昆虫生物处理后的残留物与虫粪因发酵周期较短、腐熟度仍达不到农用要求，因此需要进行二次堆肥腐熟。但因餐厨垃圾本身含盐量高，虫粪的碳氮比失衡，传统二次成肥存在周期短、肥效差等的特点，成品含盐量高、腐殖程度差，难以用于园林绿化和农林土壤。同时，易腐垃圾（餐厨垃圾）成肥缺乏相关质量认定标准，市场链未打通，出路存在问题，导致肥料堆积，占据厂区空间。昆虫鲜虫虽然具有丰富的蛋白质、氨基酸、抗菌肽等营养，可以进行深加工得到蛋白质源饲料，但目前一些餐厨垃圾生物蛋白转化企业养殖获得的昆虫鲜虫（黑水虻粗蛋白含量 35% 左右，蝇蛆粗蛋白含量 47% 左右）蛋白质含量均不高，远低于鱼粉蛋白质含量（一般为 45%～65%），竞争力弱，市场接收程度低，销路不畅。

3.6.7　三废处理

生物蛋白转化技术通过将预处理分选出玻璃、餐具、塑料等固体杂物的易腐垃圾（餐厨垃圾）破碎制浆制得喂食昆虫幼虫的有机浆料，再进行昆虫幼虫生物转化处理，实现垃圾减量化、资源化。预处理过程中，机械脱水、沥水、三相分离等过程均有废水及渗滤液产生。同时，工艺处理工程中包括卸料、易腐垃圾预处理、昆虫生物处理等过程也均有 NH_3、H_2S、VOCs 等恶臭气体产生。为防止给环境、周边居民造成影响，需要对昆虫蛋白资源化处理全过程产生的二次污染物进行控制。

（1）废水处理：昆虫生物蛋白转化技术中，废水主要来源于预处理过程中的机器脱水以及运输车辆、车间冲洗水，经管道集中收集后统一处理。易腐垃圾尤其餐厨垃圾机器脱水产生的废水属高盐、高油脂、高化学需氧量（COD）、高氨氮、高悬浮物浓度的有机废水，COD 浓度高达 80000 mg/L，氨氮约 600 mg/L，总氮约 2500 mg/L，悬浮物（SS）约 4500 mg/L，可生化性较好，故常采用生化处理工艺。但进水所含的固体颗粒物和残余油脂较多，会造成后续生化处理的负担，影响出水水质。为降低生化处理负荷，需在生化处理前加上预处理装置，降低进水悬浮物浓度并去除残余油脂，目前通常采用气浮预处理。由于水质 COD、氨氮浓度高，污水中含有较多难降解有机污染物，故采用厌氧加多段 AO、MBR 等相结合的处理工艺来对废水进行处理。经过污水系统处理，出水水质达到《污水排入城镇下水道水质标准》（GB/T 31962—2015），可纳管排放。生化过程产生的剩余污泥经脱水处理后通常与其他垃圾一起外运进行填埋或焚烧处理。

（2）废气处理：生产过程的臭气主要产生于易腐垃圾（餐厨垃圾）卸料区、预处理车间、昆虫生物转化车间、污水处理系统等。易腐垃圾成分复杂，多为食物残留物、蔬菜瓜果、腐肉等，有机物含量大，成分主要是蛋白质、脂肪与多糖。这些成分在微生物的作用下腐烂发臭，产生 VOCs 以及 NH_3、硫醇、H_2S 等含硫和含氮化合物等恶臭气体。恶臭气体易挥发、扩散，因此需进行臭气收集处理、防止其污染环境。

臭气的处置首先需保证设备以及处理车间具有良好的密封性，避免产生的臭气逸出，同时进行高效的收集，最后进行集中处理，达标后排放。目前控制臭气的主流技术方法有化学、生物、物理三类方法，工程上常用的为化学洗涤除臭、植物提取液除臭、生物除臭、化学氧化除臭等工艺的组合集成。生产过程产生的废气通过废气处理系统过后，应达到《恶臭污染物排放标准》（GB 14554—1993）的要求。

（3）固废处理：预处理过程分选出的（纺织物、玻璃等）外运填埋场或焚烧厂；金属经预处理系统分离后，可回收以高值利用；油脂经提取后，外售于生物柴油公司进行提纯炼制生物柴油。

3.6.8 典型案例分析

案例一

案例名称：××县城区餐厨垃圾处置中心建设项目。

处理对象：餐馆、饭店、机关和学校食堂、酒店等餐饮单位以及食品加工、集体供餐等活动中产生的餐厨垃圾。

处理规模：50 t/d。

项目简介：该项目于 2018 年建成，前期建设投资 3400 万元。项目配置餐厨垃圾卸料单元（图 3-30）、预处理系统（图 3-31）、油脂回收系统、黑水虻养殖系统（图 3-32）、污水处理系统、废气处理系统和控制系统，将餐厨垃圾进行无害化处置后，转化成可出售的粗油脂、黑水虻鲜虫、虫干、有机肥等。

垃圾收运　　　　　　　　　　卸料仓

图 3-30　案例一餐厨垃圾处置项目收运与卸料环节

预处理单元　　　　　　　　　沥水装置

图 3-31　案例一餐厨垃圾处置项目预处理环节

图 3-32　案例一餐厨垃圾黑水虻养殖环节与养殖产物

项目采用"机械分离+黑水虻生化处理"工艺路线，餐厨垃圾由卸料仓进入带有沥水筛板的脱水螺旋机输送，输送过程中油水被沥出进入油水暂存池。油水混合物经过加热管将温度提升到 80℃以上，经三相卧式离心分离机分离，分出的废水进入污水处理系统，油脂则进行存储销售；剩余餐厨垃圾输送至圆盘除杂机、磁选机、生物质分离器等，经以上工序将餐厨垃圾制成粒径小于 5 mm 的浆料。将制得的浆料以及麦麸等辅料一起送入混料机中，制成含水率适宜的食料，用于黑水虻养殖。经黑水虻生物处理后，浆料中的营养物质被黑水虻幼虫转化并用于自身生长发育，同时排出粪便，经 7～10 d 饲养后，获得黑水虻鲜虫与粪渣。

筛分后的粪渣可经过二次堆肥处理制成有机肥，但因目前垃圾成肥缺乏品质认定标准，市场销售情况不佳，通常免费送予养殖户与农户以消纳。鲜虫一部分烘干后可长期储存，另一部分可做畜禽/水产养殖的蛋白饲料，鲜虫售价 3000 元/t 左右，虫干 9000 元/t 左右；三相分离后的油脂可采取皂化等工序制备生物柴油，售价约 4000 元/t。

工艺特点： ①项目有效运行率较高。设计处理餐厨垃圾 50 t/d，实际平均处理 46 t/d。②项目资源回收率较高。油水混合物经脱水/油水分离后，获得油脂 1.5%，每天可产出 2～3 t 黑水虻鲜虫与 2～3 t 虫粪。③项目污水处理系统规范，出水达到相关标准要求。主要处理来自油水分离出的污水、生活污水、车间车辆冲洗水，汇集后的废水经"气浮—生化—外置 MBR（前置反硝化、硝化）—纳滤"处理后，执行《污水排入城镇下水道水质标准》（GB/T 31962—2015）纳管排放，生化系统与气浮池产生的污泥经离心脱水后，含水率降至 80%以下，然后外运进行填埋或焚烧处理。④恶臭控制严格，厂界无明显恶臭。厂区内生产区域产生臭气收集后，通过"酸洗除—碱洗—植物液喷淋"，可达到《恶臭污染物排放标准》（GB14554—1993）中规定的排放要求。

案例二

案例名称： 杭州市××街道易腐垃圾昆虫转化与利用。

处理对象： 易腐垃圾，主要为餐厨垃圾，涵盖村镇民居点与餐饮店等。

处理规模： 15 t/d。

项目简介： 该项目于 2016 年建成，项目总投资约 650 万元，工程占地约 17 亩，其中黑水虻易腐垃圾处理设施占地约 5 亩，具备完整的黑水虻种质培育孵化室、有机废弃物发酵预备车间、蠕虫高效转化车间、虫-渣快速分离车间、虫粪二次堆肥车间以及成品物流与保质车间等,同时还配备了"虻体水产饲用"与"虫粪有机肥果蔬再利用"示范基地 12 亩。

项目采用"预处理+二次分拣+辅料调理+黑水虻生物转化"工艺路线,餐厨垃圾集中收集后运至处置中心卸料仓后进入预处理单元(图 3-33),经输送带送至分选机,经人机配合完成二次分拣后,采取粉碎精分、搅拌制备得到有机浆料,投配适量辅料后,调配成适口性良好的食料用于黑水虻养殖(图 3-34)。经黑水虻生物转化后,有机废弃物转化成昆虫蛋白及生物堆体,在机械筛分、生化及理化等作用下进行虫-渣筛分。粪渣进行二次堆肥后进一步腐熟形成质地疏松无恶臭的有机肥料或稳定生物质。昆虫鲜虫其中一部分可直接出售以作畜禽、水产养殖蛋白饲料,一部分进行烘干储存,以便进一步加工销售,另外分出少部分鲜虫进行化蛹成虫,再次交配产卵产生幼虫。处理过程中产生的残渣杂质外运单独处理,过程无废水产生,产生的废气收集后经由生物除臭滤床系统处理达标排放。

烘干后的黑水虻幼虫经检测,其粗蛋白质含量为 35%～40%、油脂为 35%～45%,重金属符合饲料原料标准。虻虫蛋白质含量丰富,可作畜禽、水产养殖的饲料添加剂,并以干虫 9000 元/t,鲜虫 3000 元/t 左右的价格外销(产品见图 3-35);分离后的虫渣经二次堆肥腐熟后含水量 20%～35%、氮磷钾 4.5%～6.5%、粗蛋白 12%～18%、有机质 78%～88%。外售于农场可促进水果、蔬菜、苗木等农作物的生长与发育,售价 300 元/t。

工艺特点:①项目有效运行率较高。设计处理餐厨垃圾 20 t/d,实际处理量为 15 t/d;②预处理设备运行能耗低,效果好。经破碎、筛分后餐厨垃圾粒径＜10 mm,经预处理制备的浆料在 5～35℃,湿度在 85%左右;③项目资源回收率高,餐厨垃圾减量率高,经 10～15 d 的黑水虻幼虫养殖分解,可得到虻虫与虫粪的混合堆体,并实现餐厨垃圾一次性减量 70%以上,获得 12%～15%的昆虫(鲜虫)和 10%～15%虻粪有机肥;④项目未设计油水分离环节,将全部物料用于生物转化,因此全程无废水产生,但需控制进场易腐垃圾含水率控制在 85%以下,并添加麦麸等辅料将物料含水率调至 70%～75%；⑤恶臭控制较好，厂界无明显恶臭。该项目将处理全流程均废气收集，经过"两级生物除臭滤床"系统后，可达到《恶臭污染物排放标准》（GB14554—1993）二级标准排放。

卸料斗　　　　　　　　　　　　　　　分拣除杂装置

破碎制浆装置　　　　　　　　　　　　浆料存储池

图 3-33　案例二黑水虻蛋白转化预处理单元

黑水虻养殖槽　　　　　　　　　　　　二次堆肥单元

图 3-34　案例二黑水虻养殖及虫粪二次堆肥单元

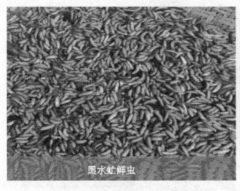

黑水虻鲜虫 黑水虻干虫

图 3-35　案例二易腐垃圾黑水虻蛋白生物转化产品（鲜虫、干虫）

案例三

案例名称： 宁波市××城区餐厨垃圾蝇蛆生物转化技术。

处理对象： 餐厨垃圾。

处理规模： 80 t/d。

项目简介： 该项目总投资约 4000 万元，占地 30 亩，处理规模达 80 t/d，具备完整的餐厨垃圾脱油脱水预处理车间、配备自动布料设备的蝇蛆生物转化车间、蝇蛆漂烫清洗车间、废气处理系统等，是一个半自动化规模化餐厨垃圾蝇蛆生物转化处置基地。

项目采用"预处理+三相分离+蝇蛆生物转化"工艺路线，餐厨垃圾运进场后运至预处理车间（图 3-36），经沥水，分选，破碎，筛分后进入三项分离机，分离出的废水进入储存池、油脂进入储存罐，浆料暂存用于蝇蛆养殖。储存池里的水经政府协调免费外送处理；储油罐里的粗油脂外售给生物柴油公司用于提纯制取生物柴油；有机浆料经自动布料机布料后用于蝇蛆养殖（图 3-37）。蝇蛆养殖的湿度控制在 60%～80%，温度控制在 28～32℃，冬天时使用暖风机进行加热，调节室内温度，4～5 d 左右得到成蛆。蝇蛆成熟化蛹前需进行虫渣分离，利用蝇蛆避光性的生理特性，将蝇蛆与残渣分离，残渣含水率较低，可直接堆肥。收获的成蛆经过蒸汽漂烫、清洗后，可直接作为动物性饲料蛋白出售（图 3-38）。

接收池

分选除杂装置

破碎制浆装置

三相分离系统

图 3-36　案例三餐厨垃圾蝇蛆生物转化技术预处理单元

红头苍蝇养殖布料装置

养殖槽

图 3-37　案例三餐厨垃圾蝇蛆生物转化技术蝇蛆养殖单元

漂烫清洗单元　　　　　　　　　　红头苍蝇

图 3-38　案例三餐厨垃圾蝇蛆生物转化技术蝇蛆漂烫清洗单元及成虫产品

餐厨垃圾经蝇蛆养殖处理获得了"五谷虫"（蝇蛆）与"虫粪杀"（虫粪有机肥），同时预处理过程中提取回收了油脂。每天处理 80 t 餐厨垃圾，可获得 2 t 的蝇蛆。外售于水产养殖业作蛋白饲料，市场售价 3000 元/t 左右。获得 2% 的粗油脂，即 1.6 t/d，外售于有国家资质的生物柴油炼制公司用于提纯炼制生物柴油，售价约 4000 元/t。

工艺特点：①项目资源回收率较高。利用人工培育的蝇蛆，对无害化及初级脱水脱油后的餐厨垃圾进行高效生物转化，在快速获得昆虫蛋白的同时降低了其含水率、促进其发酵，经虫渣分离后，残余物可用于有机肥的生产利用。②具有良好的经济效益。收获的蝇蛆蛋白又称为"五谷虫"，干蝇蛆中粗蛋白质含量达到 58%～64%，脂肪含量为 10%～14%，营养成分较全面。目前蝇蛆蛋白作为一种优质动物蛋白资源被广泛用于水产养殖，而其深加工也有较大的发展潜力，可开发成医药、食品、饲料、保健品等。③污水有出路。预处理油水分离产生的废水、车间、车辆冲洗废水、蝇蛆蒸煮、清洗废水汇入储存池中，每天产生 50～60 t 废水，经政府协调全部免费外运于厂区外污水处理站处理。④恶臭控制较好，厂界无明显恶臭。厂区生产区域全流程采用"微负压抽排风"收集，将所有臭气有组织地收集后进入除臭系统"生物滴滤塔"处理后由 15 m 高排气筒排放，执行《恶臭污染物排放标准》（GB 14554—1993）。

3.7　村镇易腐垃圾干热提油耦合畜禽粪便生物蛋白转化技术

3.7.1　主要工艺流程

村镇易腐垃圾干热提油耦合畜禽粪便生物蛋白转化技术（图 3-39）由餐厨垃圾配送及卸料、初级分选、精细分离、破碎制浆、干热蒸煮、三相分离、资源化利用（粗油精炼与生物蛋白转化）、污水处理以及废气净化等过程组成。

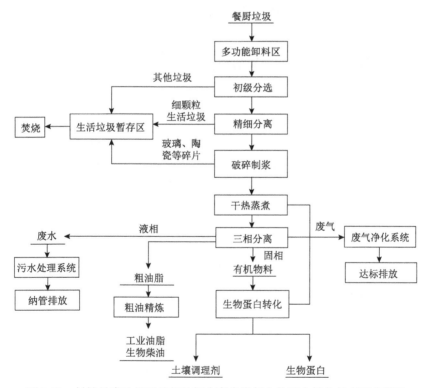

图 3-39　村镇易腐垃圾干热提油耦合畜禽粪便生物蛋白转化技术工艺流程

具体工艺运行过程如下。

（1）餐厨垃圾配送及卸料：用餐厨垃圾专用收集车收集至处理中心，将收集的餐厨垃圾利用自动提升系统投入至多功能卸料池。

（2）初级分选：物料由卸料池输送至初级分离系统，进行自动化初级分离；根据物料密度差异原理，将餐厨垃圾中的大部分塑料、竹木、玻璃、砂石、金属物质筛出，作为其他垃圾处理，而剩余物进入下一工序。

（3）精细分离：进行多级分离，利用不同尺寸的分离筛由大到小进行多次筛选，最小的分离筛的尺寸限定（70 mm）。最小分离筛过滤出的剩余物进入下一工序，筛上物均作为其他垃圾，由环卫部门统一收运，外送焚烧处理。

（4）破碎制浆：利用粉碎机将步骤（3）剩余物中的颗粒物粉碎成粉末状，最终剩余物粉碎成 10 mm 以下的浆状物质。依据密度差异原理，将浆状剩余物中不易破碎的重杂质再次分离，分离除杂后的剩余物输送至缓冲储存罐。

（5）干热蒸煮：将缓冲储存罐的物料经匀浆罐调制后分批加到干热蒸煮罐中，进行高温蒸煮（90～100℃，2 h）。实现杀毒灭菌作用的同时，蒸煮有机物料，提升物料的油水分离性能。

（6）三相分离：将步骤（5）的产物采用卧式三相分离器进行分离，分离出油脂、污水、有机物料。油脂经撇油器撇出，送至毛油储罐，生产副产物出售，可用于工业油脂原料或进一步深加工成脂肪酸甲酯或生物柴油；有机物料排入储渣箱准备进行生物蛋白转化；污水经管道送至厂区污水处理系统，经处理后纳管排放。

（7）生物蛋白转化：根据步骤（6）产生的有机物料物理特性，加入干湿分离后的畜禽粪便（约占有机物料总量的 18%），调节混合物料的含水率至适合蝇蛆生长的水平；将有机物料与畜禽粪便的混合物作为蝇蛆的培养基（部分固化有机物料可直接作培养基），经过 4～5 d 的蝇蛆生物分解，最终得到活体蝇蛆及剩余物（虫粪）。活体蝇蛆作为动物蛋白饲料进行综合利用或者进行高值化利用；剩余物进行二次好氧堆肥发酵后制有机肥或土壤调理剂等。

（8）污水处理系统：污水采用"预处理+厌氧+多级 AO"处理工艺，处理后废水水质达《污水综合排放标准》（GB 8978—1996）三级标准或《污水排入城镇下水道水质标准》（GB/T 31962—2015）纳管排放。其中厌氧工艺产生沼气，利用沼气蒸汽发生器对车间内干热罐蒸汽加热，同时利用沼气发电用于车间废气净化系统，实现资源循环利用。

（9）废气净化系统：采用"车间生物除臭+光催化+碱喷淋"废气处理技术，对整个工艺流程中所产生的臭气进行集中收集再处理实现废气达标排放。①恶臭废气（主要包括 NH_3、H_2S、VOCs 等）处理后，需经 15 m 排放口高空排放，污染物排放限制满足《恶臭污染物排放标准》（GB 14554—1993）要求；②沼气蒸汽发生器废气（工艺过程中的污水处理系统及沼气蒸汽发生器产生的废气），需经 8 m 排气筒排放，排放浓度需满足《锅炉大气污染物排放标准》（GB 13271—2014）的燃气锅炉限值。

3.7.2　技术原理与优势

1. 技术原理

干热蒸煮原理：餐厨垃圾是固体物质、水和油脂等形成的多元多相体系，其中所含的废油脂是生产生物柴油、硬脂酸和油酸等产品的优质原料，具有很高的再生利用价值。同时，这些废油脂的存在，对餐厨垃圾的处理过程存在不利影响，如易黏附器壁造成管路堵塞、包裹支撑介质、干扰微生物生命活动，也会对后端饲料和肥料等资源化产品的品质造成不利影响，如油脂发酵极易产生黄曲霉素等致癌物质、油脂的易氧化酸败和易挥发等特性降低餐厨垃圾饲料化产品品质。因此，餐厨垃圾油水分离和脂类物质的回收是餐厨垃圾处理工艺中的一个必不可少的环节。

餐厨垃圾固相内部油脂直接进入三相分离机难以分离。为提高这部分油脂的回收效率，先将其从固相内部浸出，进入液相，提高可浮油含量，从而提高餐厨垃圾的脱油性能（郭涛等，2008）。干热蒸煮技术（图 3-40）则是通过浆液加热保温实现浆液物理状态的改变，以利于后续三相分离，实现粗油脂的提取。该技术在作为厌氧发酵的预处理方面已有较为成熟的应用,其将餐厨垃圾置于密闭的环境中,通过高温加热,消除有毒有害物质的同时降低餐厨垃圾固相中油脂的含量,提高溶解性有机质,进而提高餐厨垃圾的可生物降解性和产气率(任连海等,2009)。

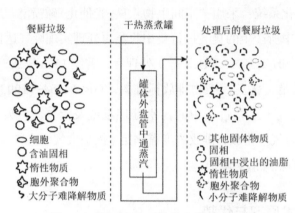

图 3-40　餐厨垃圾干热蒸煮技术原理图

干热蒸煮与湿热高温蒸煮的技术原理相似,主要通过罐体表面铺设盘管内通高温蒸汽的方式,提供充足的热量,进行高温蒸煮,实现内部物料加热保温,物料固相油脂浸出,提高可浮油含量,提升物料整体脱油性能。该过程中产生的冷凝水可直接收集回用,厂内采用该冷凝水用于清洗设备,相较于将水蒸气直接打入物料的湿热高温蒸煮模式,该模式可大大减轻后端的污水处理压力。

三相分离技术原理:卧式三相离心器利用密度差异原理,在两种液相与一种固相进入离心机后,在离心力场作用下,固相被沉降,两种液相也出现分层,从而实现固-液-液三相分离,并在特殊机构的作用下分别排出机体。整个进料和分离过程均是连续、封闭、自动完成的(王义文等,2020)。

当要分离的物料由进料泵输送到离心机转鼓内,高速旋转的转鼓产生强大的离心力把比液相密度大的固相颗粒沉降到转鼓内壁,由于螺旋和转鼓的转速不同,二者存在相对运动(即转速差,可调),密度大的固体(渣)沉降到转鼓壁上。两相密度不同的清液形成同心圆柱,较轻的液相处于内层,较重的液相处于外层。不同液体环的厚度可通过调液板调节（即油里含水率或水里含油率可调），沉积在转筒壁上的渣由螺旋输送器传送到转筒体的锥体端，从排料口排入固体积料箱，水和油分别从各自出口排出，整个油、水、渣三相分离过程均是自动进料、自动出料。

生物蛋白转化原理：蝇蛆工程是生物蛋白转化技术中使用较为广泛的一种形式，蝇蛆分布地区广泛，世代时间短，繁殖能力较强，喜好含水率适宜并含丰富营养成分的有机物料。

三相分离后的固相有机物料含水率在 70%～80%，加入干湿分离后的畜禽粪便来调控有机物料的含水率。根据经验值，控制畜禽粪便占有机物料总量 18% 左右（余桂平等，2020）。将有机物料与畜禽粪便的混合物作为蝇蛆的培养基（部分固化有机物料直接可作培养基）。由于餐厨垃圾固相中含有丰富的营养成分，蝇蛆能始终保持旺盛的摄食能力以及肠道微生物的新陈代谢活力，经过 4～5 d 蝇蛆生物分解，最终得到活体蝇蛆及剩余物（虫粪）。活体蝇蛆作为动物蛋白饲料进行综合利用或者进行高值化利用的研发；剩余物进行二次好氧堆肥发酵后制有机肥或土壤调理剂等。

在生物蛋白转化过程中，添加畜禽粪便起到了以下几个作用（陆丽珠等，2020）。①实现了养殖粪便的协同处理及资源化利用；②对餐厨垃圾三相分离后有机物料含水率起到调节作用；③畜禽粪便中含有丰富的氮、磷、钾等无机营养元素，能提高混合物料养分；④由于餐厨垃圾本身含盐量较高，加入一定量的畜禽粪便可进行稀释，确保蝇蛆的正常生长，提高最终有机肥的品质及成色。

2. 技术优势

该技术工艺流程具备餐厨垃圾自动分拣、干热蒸煮、三相分离、资源化利用、废水处理及臭气净化的餐厨垃圾协同畜禽粪便处理处置的全流程技术，突破了高含油、高含水、高含盐的餐厨垃圾固相脱油困难，后端处置资源化率不高，难以达到无害化标准等技术瓶颈，技术优势主要体现如下。

（1）实现餐厨垃圾高值化回收利用。针对餐厨垃圾中油脂含量高（总含油率约 3%）的特点，采用先进技术（干热蒸煮→油脂分离），即通过浆液加热蒸煮保温实现浆液物理状态的改变,再通过物理离心原理的螺卧离心机实现餐厨垃圾的三相分离,实现粗油脂的提取。分离的油脂水杂率≤2%,酸价小于 20 mg KOH/g。提取高纯度粗油脂可销售给具有相关处理资质公司(市场价格约为4000元/t),用于制备生物柴油;三相分离后获取的有机物料可以进行生物蛋白转化,利用蝇蛆工程,最终得到活体蝇蛆及剩余物(虫粪)。活体蝇蛆作为动物蛋白饲料进行综合利用或者进行高值化利用的研发;虫粪则可进行好氧发酵(二次堆肥)后制有机肥或土壤调理剂等。

(2)实现餐厨垃圾与畜禽粪便的协同处置。该技术在餐厨垃圾处置过程中实现了畜禽粪便的处理及资源化利用,干湿分离后的畜禽粪便有效调控有机物料的含水率、含盐量,且粪便中含有丰富的氮、磷、钾等无机营养元素,提高物料养分,使混合物料成为适合蝇蛆生长的基质,确保蝇蛆的正常生长,提高最终有机肥及生物蛋白的品质。

(3)工艺过程中污水产生量少。相较于传统湿热高温蒸煮模式,干热蒸煮模式采用罐体外盘管通入蒸汽的蒸煮物料的方式,使得物料与蒸汽分离,有利于控制餐厨垃圾出料含水率。与此同时,该过程中所产生的冷凝水可直接收集回用,用于清洗设备,从而减轻后端的污水处理压力,降低污水处理费用。

3.7.3　适用范围

(1)规模适应性:可根据实际情况增减主工艺流程中的干热蒸煮罐体,匹配后端处理处置环节,考虑到污水处理系统及废气净化系统等设施建设节约集约、共建共享共治原则,该技术适合于相对较大规模村镇餐厨垃圾处理处置,建议形成 50 t 以上的日处理规模。

(2)物料适应性:村镇易腐垃圾干热提油耦合畜禽粪便生物蛋白转化技术主要适用于含水率高,含油率高(动物油脂),纤维素、木质素等含量较少的餐厨垃圾,是一项适用于农村乡镇以及城市各餐饮单位产生的餐厨垃圾的资源化利用技术。

3.7.4　产品质量与出路

餐厨垃圾经分拣、粉碎制浆、干热蒸煮、三相分离等工序处理后，可获得2%～3%的再生油脂，可用于补充工业油脂原料供应缺口，为油化、日用化工等行业提供原料。也可后续进一步对其精炼加工制生物柴油等产品。

三相分离后同时会形成具有较高有机质含量的有机物料（固渣）。目前，三相分离后固渣不具备相关行业标准进行规范，相关企业根据经验值及后续产品需求进行参数调控。获取的有机物料后端利用蝇蛆工程等进行生物蛋白转化，最终得到活体蝇蛆及剩余物（虫粪）。

剩余物（虫粪）可通过好氧发酵（二次堆肥）制有机肥或土壤调理剂，形成的产品需满足浙江省《农村生活垃圾分类处理规范》（DB33/T 2091—2018）和《有机肥料》（NY/T 525—2021）标准，即产品需通过安全性评价，其有机质的质量分数（以烘干基计）不小于30%，植物种子发芽指数不小于70%。

3.7.5　经济效益分析

村镇易腐垃圾干热提油耦合畜禽粪便生物蛋白转化技术实现餐厨垃圾收集耦合畜禽粪便处理、活体蝇蛆综合利用的无害化生物处理。将餐厨垃圾采用干热蒸煮工艺处理后，通过添加畜禽粪便的蝇蛆的生物处理，收获生物蛋白和有机肥，形成"餐厨垃圾—畜禽粪便—蝇蛆—生物蛋白/有机肥"的生态链种养模式。

村镇易腐垃圾干热提油耦合畜禽粪便生物蛋白转化技术工艺流程前期建设投资较大，项目论证、土建、绿化、道路交通、车辆配备、配套环保设施等全部投资成本为30万～40万元/t垃圾；运行成本主要包括且不限于设备运维、员工薪酬、垃圾运输、电力、设施折旧、辅料、燃料、车辆调度、废气净化、废水处理、排污等费用。主要经费投入如下：①整体工艺流程设备运行比能耗约为100（kW·h）/t垃圾，电费按照0.65元/（kW·h）计算，则耗电费用在65～75元/t垃圾；②废水产生量为0.7～0.9 t/t垃圾，废水处理费用为40～45元/t废水，则废水处理费用为25～40元/t垃圾；③废气处理系统经长期运行核算，为12～15元/t垃圾；④配备员工28～

32 人，每人每月平均 3000~3500 元；⑤其他费用，如厂内电费能耗、设备维修和零部件更换费用等。

该模式主要收益如下：①工艺流程中可生产粗油脂等高值化产品，提取油脂约 0.02t/t 垃圾，油脂售价约为 4000 元/t；②蝇蛆作为优质蛋白源，富含蛋白质、几丁质、抗菌肽、氨基酸等宝贵的营养成分，可作为饲料的蛋白添加剂，有机肥则可返还林田，均具有进一步开发和利用的潜在经济价值。由于该项目具有资源化及环保属性，可获得一定政府补贴，以维持项目长期稳定运营，视所在地区经济发展水平及对垃圾处理处置重视程度略有差异。

综上，村镇易腐垃圾干热提油耦合畜禽粪便生物蛋白转化技术的前期建设成本和运行成本都相对较高，整体机械化程度高，运维较为简便。该工艺资源化产品丰富，蝇蛆、油脂等产品收益较高，结合政府补贴，项目可实现长期稳定运营，具有良好的经济效益。

3.7.6　技术瓶颈

目前，村镇易腐垃圾（餐厨垃圾）干热提油耦合畜禽粪便生物蛋白转化技术在实际推广应用过程中，瓶颈问题主要有物料杂质率高、分拣设备适应性差，高温蒸煮提油设备能耗高，蝇蛆养殖机械化自动化程度低等问题。

（1）物料杂质率高，分拣设备适应性差。现阶段垃圾分类效果参差不齐。餐厨垃圾中容易混入塑料、金属、织物等不可腐烂成分，在较为依赖分类效果的机械化运作过程中，其他垃圾混入很容易导致分拣设备损伤。尤其若后期计划接入厨余垃圾协同处置线，厨余垃圾中纤维素/木质素和塑料类物质含量将显著提高，这类难切割、难绞断的物质将大大影响自动分拣设备。

（2）高温蒸煮提油设备能耗高。该工艺需要将物料加热至100℃以上。此外，干热蒸煮罐中在运行过程中需在外部盘管中通入大量水蒸气，温度通常高于100℃，相较于传统的湿热蒸煮，传热效率下降，设备整体能耗增加。

（3）蝇蛆养殖机械化自动化程度低。蝇蛆养殖仍未形成成熟的规模化产业的主要原因是蝇蛆设备的机械化程度低，尤其是蝇蛆分离过程，需要大量劳动力进行半手工操作,致使产量低,生产效率不高;另外由于蝇蛆对温度、湿度以及光照等条件要求较高,还需配备一定具有经验的人员根据现场状况调节环境条件;再次,蝇蛆烘干缺少专用设备,烘干和干蛆质量依赖工人经验,易致使蛆干焦化,造成较大损失,这也是目前蝇蛆生产成本较高的主要原因;同时由于蝇蛆的饲料来源包括餐厨垃圾及畜禽粪便,这对维护场地内环境卫生条件带来较大挑战,人工需求大。因此,急需提升蝇蛆养殖过程机械化程度,实现蝇蛆养殖产业化推广。

3.7.7　三废处理

村镇易腐垃圾干热提油耦合畜禽粪便生物蛋白转化技术在初级分选、精细分离到破碎制浆阶段均会分拣出塑料、金属、陶瓷等其他垃圾,三相分离阶段会产生大量含油废水,同时在垃圾转运、处置流程以及污水处理系统中会产生 NH_3、H_2S 等恶臭气体。因此,对易腐垃圾干热提油耦合畜禽粪便生物蛋白转化技术全流程产生的废水、废气以及固废需进行收集处理,以控制二次污染。

(1)废水处理:该工艺流程废水来源主要有四个方面:一是三相分离后含油废水;二是车辆、设备及地面清洗废水;三是臭气净化系统排水;四是员工生活污水。上述废水进入各自管路体系,最后统一经由废水处理系统进行集中处理。处理后废水水质需达《污水综合排放标准》(GB 8978—1996)三级标准或《污水排入城镇下水道水质标准》(GB/T 31962—2015)纳管排放。因餐厨垃圾废水中的氨氮、生化需氧量(BOD)和 COD 浓度高,在监测过程中关键指标主要包括 COD(≤500 mg/L)、氨氮(≤45 mg/L)、SS(≤400 mg/L)、磷酸盐(以P 计,≤8 mg/L),pH 控制在 6~9。

废水处理须采用稳定高效的工艺,如厌氧生物滤池、多级 AO、MBR 等工艺,或采用多种工艺组合进行深度处理,如有必要可加设油水分离器以撇油,添加脱氮预处理以减轻氨氮对整体生化处理的影响等针对性措施。

(2)废气处理:该工艺流程废气来源主要有四个方面:一是餐厨垃圾处理车间臭气,二是生物消纳车间臭气,三是污水处理设施臭气,四是沼气蒸汽发生器废气。上述废气通过抽风机,经集气管道进入废气处理设施或经喷淋塔进入废水处理设施。为了防止臭气泄露，处理全流程采取全封闭、微负压设计。采用"生物除臭+光催化+碱液喷淋"废气处理技术，实现废气达标排放：①在适宜的环境条件下，附着于生物填料上的微生物将废气中部分有机污染物降解或转化为无害或低害类物质；②通过高能紫外线光束照射，有机或无机高分子恶臭化合物分子链降解转变成低分子化合物；③最后废气中的酸性气体经过碱液喷淋洗涤后得以去除，装置净化后的废气由风机抽至排气筒实现高空排放。净化后的恶臭废气需经 15 m 排放口高空排放，满足《恶臭污染物排放标准》（GB 14554—1993）的要求；而污水处理系统中的沼气蒸汽发生器废气净化后需经 8 m 排气筒排放，满足《锅炉大气污染物排放标准》（GB 13271—2014）的燃气锅炉限值标准。

（3）固废处理：该工艺流程产生的固废主要为餐厨垃圾分拣过程总产生的其他垃圾、办公生活产生的生活垃圾、废水处理过程中产生的污泥。工艺流程中产生的其他垃圾统一收集后委托环卫部门负责清运，集中运送到发电厂进行焚烧处理。

3.7.8　典型案例分析

案例名称：嘉兴市××餐厨废弃物无害化处理和资源化利用项目。

处理对象：城乡餐厨垃圾。

处理规模：150 t/d。

项目简介：该项目占地约 12 亩，总建筑面积约 6000 m²。土地性质为建设用地。配备预处理设备（图 3-41）、干热蒸煮主体工艺（图 3-42）、废水及废气处理系统设施（图 3-43）、沼气利用系统设备、有机肥生产系统、固化有机物生物消纳系统设备等。项目采取"预处理+干热蒸煮+三相分离"工艺路线，餐厨垃圾经卸料收料、初级分选、破碎制浆、精细分离后，进入高温蒸煮灭菌区，物料通过三相分离设备实现物质分流，最终出料废水占比 70%～80%，固渣占比 17%，油脂占比 3%。油脂外销加工作为燃油、工业油脂及化工原料；有机物料外运用于蝇蛆工程，产有机肥等；污水则通过污水处理设施，达标排放。

餐厨垃圾卸料区

二次分拣区

初级分选

破碎制浆

图 3-41 餐厨垃圾处理项目预处理区域

工艺特点：①该项目资源回收率较高，餐厨垃圾中油脂含量高（总含油率约3%），通过干热高温蒸煮提油+三相分离技术，实现粗油脂的提取回收；②废水集中收集至废水处理车间，采用"预处理+厌氧+多级 AO"工艺处理，达到《污水综合排放标准》（GB 8978—1996）的三级标准及《污水排入城镇下水道水质标准》（GB/T 31962—2015）后纳管排放，其中厌氧工艺产生沼气，利用沼气蒸汽发生器对车间热解罐蒸汽加热，回用于生产，并利用沼气发电用于车间废气处理设备，实现资源化利用；③厂区臭气净化系统设置较为完善，餐厨垃圾无害化处理全过程覆盖废气收集和处理系统，为了防止臭气泄露，整个处理车间应采取全封闭、微负压设计，采用"生物除臭+光催化+碱液喷淋"废气处理技术，厂界大气满足《恶臭污染物排放标准》（GB 14554—1993）及《锅炉大气污染物排放标准》（GB 13271—2014）中燃气锅炉限值标准的要求；④该项目厂区内配备有厨余垃圾处置线,并将逐步实现三相分离后固渣与厨余垃圾堆肥相结合的工艺设计,在优化分选工艺、调节过程参数后,实现设施共建共享;⑤主厂区操作间内实现"酒店式"管理,主车间无人员走动,每日定时清洁,整洁干净;定期维护保养到位,宣传示范效果较好。

干热蒸煮区域

干热蒸煮罐体

三相分离机

图 3-42　餐厨垃圾资源化项目主体工艺区域

厂区废水处理车间

厂区恶臭净化系统

图 3-43 餐厨垃圾资源化项目二次污染控制系统

3.8 村镇易腐垃圾热解炭化技术

3.8.1 主要工艺流程

村镇易腐垃圾热解炭化技术主体工艺（图 3-44）由物料预处理系统、机械脱水系统、深度干化系统、热解炭化系统、三废处理系统、产品加工系统等组成。

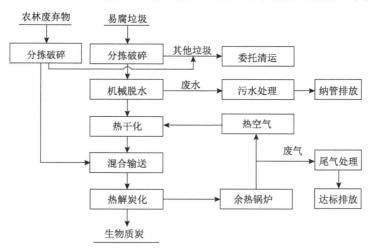

图 3-44 村镇易腐垃圾热解炭化技术工艺流程

具体工艺运行过程如下。

（1）物料预处理系统：村镇易腐垃圾经清洁直运车辆分类收运至处理站后，首先经过分拣对垃圾中的石头、金属制品、塑料制品、建筑垃圾等非易腐垃圾进行分离；然后进行破碎，使垃圾物料颗粒均匀化，便于后续机械脱水、深度干化和热解炭化。

（2）机械脱水系统：采用挤压式机械脱水设备将分类产生的易腐垃圾含水率从 70%~85%降低至 65%~70%，去除物料所含游离水和间隙水，降低后续深度干化成本。机械脱水过程产生的渗滤液导入废水收集装置统一净化处理。

（3）深度干化系统：采用余热式循环除湿干化模式，无须引入其他外界能源，充分利用生物质热解炭化过程产生的可燃气燃烧余热供热。系统主要由回转式干化机、冷凝器和热交换器组成。除湿干化机利用炭化余热产生的水蒸气，经热交换器将常温风转换成热风，并对垃圾进行烘干；经烘干工序的热风成为湿度较大的低温风，进入冷凝器进行冷凝水回收，将含湿度较高的低温风转换成湿度较低的空气，低湿空气再次进入热交换器成为低湿度热风，并循环进入干化机，依此流程循环，最终完成易腐垃圾的干化，使含水率降至 40%~50%。

（4）热解炭化系统：热解炭化机采用回转式外热型热解炭化机组，物料与高温烟气不直接接触。垃圾物料在 350℃和无氧条件下热解 1 h，热解过程主要产生热解气、生物质炭以及少量焦油。热解气引入燃烧炉于高温条件下燃烧，燃烧温度不低于 850℃，停留时间不少于 2s；高温烟气进入炭化机为垃圾炭化提供热能，经过热能释放的烟气排出炭化炉后的温度约为 550℃，出炉后进入余热锅炉，用于深度干化系统供热。

（5）三废处理系统：为确保可腐垃圾卸料车间、炭化车间气体不外溢，采用引风机抽风，使该区域内形成负压，并经管道将废气送至喷淋塔，利用植物液喷淋方式进行吸收、中和除臭，以达到优化环境气味的目的；分拣破碎、机械脱水和冷凝过程产生的废水进入污水处理站进行无害化处理；预处理及炭化过程产生的废气通过二次污染控制设备进行处理后，达标排放；主要固体废物为垃圾分拣处理环节中筛分出的其他垃圾，将其集中运送至生活垃圾焚烧发电厂处理。

（6）产品加工系统：生物质炭富含有机质、具有纳米孔隙、无病原菌残留、无臭味, 适用于土壤结构改良和炭基肥制造。生物质炭能够有效改善土壤的保肥及保水性能, 提升土壤有机碳含量的同时使养分损失减少, 对微生物在土壤中的活动及栖息十分有利。生物质炭与化学肥料相结合可制成颗粒状生物炭基肥, 不仅能够利用生物质炭的强吸附性以达到减少养分流失的效果, 还能保证这种生物质炭基肥料在为作物提供生长养分、提高养分利用率的同时, 继续发挥生物质炭改良土壤等积极作用与优良特性。

3.8.2 技术原理与优势

1. 技术原理

村镇易腐垃圾热解处理是在高温、无氧或缺氧的情况下, 利用热能使有机垃圾中的有机物化学键断裂, 将大分子量的有机物转化成小分子量物质的过程。热解是一个复杂的连续化学反应过程, 既能实现有机垃圾的快速分解、显著减容, 又能将垃圾中有机成分转变成热能和生物质炭, 加以充分利用。易腐有机垃圾热解产物包括固态生物质炭、可燃气体、液态焦油等 (罗亭, 2014)。

垃圾的分解转化率主要受到热解温度、升温速率和停留时间的影响。热解温度与生物质炭得率有显著负相关关系 (贾晋炜, 2013), 与生物质炭含碳量有显著正相关关系。升温速率对热解过程的直接影响表现在以下几个方面: 热解持续时间、热解产物组成以及设备的加热功率等。升温速率越高, 热解温度升至高温状态越快, 进而使得物质在高温阶段停留的机会越大。在升温速率较慢的情况下, 热解原料在低温区间停留时间增加, 有机分子在其最薄弱的节点处有足够时间分解并重新结合为热稳定性固体, 进一步分解较为困难, 固体产率因此增加。在升温速率较快的情况下, 有机物分子在高温阶段结构全面裂解, 生成大部分低分子有机物。此外, 当加热速率较快时, 挥发分在高温环境下的停留时间得以延长, 进而热解产物发生二次裂解, 使得焦油产率下降、气体产率增加 (周昭志, 2020)。延长物料在反应器中的滞留时间可以充分利用原料中的有机物质, 尽量脱除其中的挥发分。物料的停留时间与热解处理量成反比例关系, 滞留时间长, 热解更为充分，但处理量少，热解效率较低；停留时间短，则会导致物料热解不完全，但可以保持较高的处理量，提升热解处理效率。

2. 技术优势

热解炭化技术和装备可对生物质原料进行干燥和炭化的系统性处理，实现水分蒸发、干化减量、热解炭化、高温灭菌等功能，最后产出的生物质炭可以作为制备土壤改良剂和炭基肥的载体，应用于农业生产和土壤改良，实现废弃物的安全处理及资源化利用。热解炭化技术具有明显的技术优势，主要体现在如下方面。

（1）无害化程度高。采用热解炭化技术，在350℃以上高温条件下物料热解 1 h，可完全消除易腐垃圾中的抗生素、病原菌等污染物，并钝化重金属，大幅度降低其生物有效性，进而可实现产物生物质炭的无害化利用。热解炭化反应设备的无氧或缺氧环境，抑制重金属氧化物的生成，而部分重金属氧化物又是很多有毒有机物质形成的催化剂，其产生的抑制可有效减少有毒有机物质的生成和排放。同时，热解条件下的 NO_x、SO_x、HCl 等污染物排放量也相对较少，烟气和二噁英等二次污染物排放水平较低。

（2）处理周期短，减容率高。设备可机械化连续工作，在350℃以上高温条件下热解 1 h 可使物料快速热解，减容率高（≥90%）。热解炭化处理后产生的可燃气体可经过余热利用系统用于机械脱水物料的热干化，最终产出 10%左右的生物质炭，不产生任何废渣。目前，热解炭化装备的处理规模可达日处理易腐垃圾 20 t 水平。

（3）设备集成度高，废气达标排放。热解技术可完全去除废弃物中的抗生素、病原菌，并大幅消除臭味，处置过程的二噁英产量约为焚烧处理技术的1/3。易腐垃圾在较低温度下热解，大部分有害成分在炭黑中被固定，减少了对环境的二次污染。此外，炭化系统可实现热解过程中挥发性产物的热能自给利用，有效减少温室气体排放。废水处理系统出水水质达到《污水排入城镇下水道水质标准》（GB/T 31962—2015）A 级标准后纳管排放。废气排放执行《生活垃圾焚烧污染控制标准》（GB 18485—2014）的生活垃圾焚烧炉排放烟气中污染物限值标准：颗粒物≤30 mg/m³，NO_x≤300 mg/m³，SO_2≤100 mg/m³，CO≤100 mg/m³，

HF≤60 mg/m³，汞及其化合物（以 Hg 计）≤0.05 mg/m³，镉、铊及其化合物（以 Cd+Tl 计）≤0.1 mg/m³，锑、砷、铅、铬、钴、铜、锰、镍及其化合物（以 Sb+As+Pb+Cr+Co+Cu+Mn+Ni 计）≤1.0 mg/m³。

（4）炭化产物资源化利用。通过热解炭化技术处理易腐垃圾得到的生物质炭是一种富碳固体物质，含水率 30%以下，pH 在 6.5 左右，电导度（EC）约为 2260 μS/cm，干物质生物质炭中挥发性固体（VS）和灰分各占 50%左右。生物质炭具有多孔隙、大比表面积、带负电荷等特点，可以有效改良土壤、增加肥力、吸附土壤或污水中的重金属及有机污染物。作为高度芳香化的固态产物，生物质炭的化学和生物惰性使得将其还田可以固定碳，并以稳定态碳的形式存储于土壤中。此外，生物质炭还田已经被证明能够减少 CO_2、N_2O、CH_4 等温室气体的排放，有望成为我国土壤碳捕捉与固存的有效途径。

3.8.3　适用范围

（1）规模适应性：村镇易腐垃圾热解炭化技术可形成 3～20 t/d 的平均处理量，该成套化设施主要适用于多村联建或一镇一点模式。

（2）物料适应性：村镇易腐垃圾热解炭化技术可实现村镇地区分类后的易腐垃圾（包括厨余垃圾、餐厨垃圾、生鲜垃圾）以及农林废弃物的减量资源化，该技术也可耦合易腐垃圾与农村畜禽养殖废弃物、农林废弃物等有机废弃物的热解处理。对高含水率（＞85%）的易腐垃圾/农林废弃物进行分拣破碎、机械脱水、热干化等处理后，通过热解炭化设备进行高温热解，可转化为生物质炭和可燃气体。炭化过程可使易腐垃圾减容率达到 90%以上。

3.8.4　产品质量与出路

村镇易腐垃圾热解炭化处理后的初级产物为生物质炭，为黑色细长条形，质地致密，含微孔孔隙较为丰富；含水率 30%以下，pH 在 6.5 左右，电导度（EC）约为 2260 μS/cm。生物质炭中挥发性固体（VS）和灰分各占 50%左右。在村镇生活垃圾分类较完善的情况下，生物质炭所含重金属等有害元素含量符合《土壤环境质量 农用地土壤污染风险管控标准（试行）》（GB 15618—2018），有效态 P、Cd 等含量低于检测限，农业施用较为安全。

生物质炭富含有机质及纳米孔隙、无病原菌残留、无臭味，适用于土壤改良剂和炭基肥制造。生物质炭也可与腐殖酸、氮素、磷素、钾素等混合构成土壤改良剂；将生物质炭破碎成炭粉，与氮磷钾颗粒复合肥、膨润土、腐殖酸按一定比例送入搅拌机，搅拌物料同时均匀喷洒淀粉溶液作为黏合剂，将混合均匀的物料送入滚筒造粒机，可制备得到碳基缓释肥。土壤改良剂和碳基肥可广泛用于污染土地修复、耕地提质、化肥替代、绿色有机农产品生产等。

3.8.5 经济效益分析

村镇易腐垃圾热解炭化技术将村镇易腐垃圾经分选除杂、破碎匀质之后，通过水分蒸发、干化减量、热解炭化、高温灭菌等工序实现干燥与炭化，最后产出的生物质炭可以作为制备土壤改良剂和炭基肥的载体，应用于农业生产及土壤改良，实现废弃物的安全处理及资源化利用。

整套模式的前期建设投资相对较高，基础建设投资费、设备购置成本在 60 万～80 万元/t $_{垃圾}$；运行成本包括但不限于设备运维、员工薪酬、垃圾运输、电费、燃料、生物质辅料、设施折旧费、车辆调度费、废气净化及废水处理费用、排污费等。主要经费投入如下：①整体工艺流程设备运行比能耗为 70～80（kW·h）/t $_{垃圾}$，电费按照 0.65 元/（kW·h）计算，耗电费用在 45.5～52 元/t $_{垃圾}$；②工艺过程中需要消耗大量燃料，成本约 60 元/t $_{垃圾}$；③添加工艺生物质辅料以调节进料特性使其利于燃烧，成本约 70 元/t $_{辅料}$；④其他费用，如场内设备维修和零部件更换费用等。

该模式主要收益如下：村镇易腐垃圾热解炭化得到的生物质炭用于土壤改良剂和炭基肥制造所获收益及补贴。然而现阶段缺乏资源化产物园林绿化、还林还田和农业利用标准及土地安全利用的相关标准规范，导致此类资源化产物利用受阻，出路困难，难以实现真正盈利。

综上，村镇易腐垃圾热解技术设备设施投资前期建设投资成本相对较高，由于高温热解技术能耗高，添加辅料多，运行成本也较高。目前，设施设备维持主要依托政府补贴，经济效益欠佳。但后续若能打通后端土地利用等出路，将生物质炭资源的价值充分利用，可以有效提升经济效益。

3.8.6　技术瓶颈

目前，村镇易腐垃圾及农林废弃物联合热解炭化技术与设备在实际推广应用过程中，主要的瓶颈问题为前期投资成本高、垃圾物料的适应性差、二次污染、后期运行维护的长效性、产品出路及潜在风险等问题。

（1）设施设备投资与运行成本相对较高。热解炭化设备是高温高热设备，材质要求高，机械化自动化要求也高，成套化设备加工制作价格高，故而村镇易腐垃圾热解炭化技术成套设施投资相对偏高。在运行过程中，由于易腐垃圾原料含水率较高，因此在机械脱水、强化干化和热解炭化等过程消耗能量较高，相应的运行成本也会增多，综合考虑各项支出，处理运行成本将在 280 元/t 以上。

（2）垃圾物料纯度要求苛刻。目前农村易腐垃圾分类质量参差不齐，分类后易腐垃圾中仍含有塑料、金属、织物等不可腐烂成分，严重影响垃圾后续的减量资源化处理，且容易对设备造成损坏，导致后期设备维修维护频率的增加。另外，部分地区将餐厨垃圾和厨余垃圾混合在一起，导致垃圾物料组分更加复杂，含油含盐量高，既影响生物质炭的品质，也会增加后续污水处理难度/提高处理成本。

（3）存在二次污染隐患。易腐垃圾机械挤压脱水产生的废水具有浓度高、杂质和悬浮物多、可生化性好等特点，需要多级 AO 生化系统处理才可达标排放。同焚烧相比，热解反应过程中参与反应的空气量较少，因此所产生的废气二次污染也比焚烧过程小得多。然而，任何形式的热化学处理过程都会产生一定程度的环境污染问题（桂莉，2014）。由于设施设备规模小，农村易腐垃圾组分又特别复杂，在热解过程中必定会产生一些二次污染物，主要包括一些常规污染物如 SO_x、NO_x、CO、HCl 和粉尘等，以及一些痕量或超痕量的污染物如重金属（Pb、Cd、Hg 等）、二噁英和多环芳烃（PAHs）等。此外，在热解炭化过程中还会产生一定量的焦油，处理不当也会严重污染环境。因此，村镇易腐垃圾热解炭化过程及其衍生的废渣、废水和废气等存在一定的污染隐患。严格按相关标准规范进行防治，运行成本将会大幅度提升。

（4）运行维护要求相对较高。目前，村镇地区新建的生活垃圾资源化处理站大部分由当地村民进行运行与维护。前期培训工作困难，运行过程中也存在因客观因素导致的设备维修频率次数增加、维护成本增大的问题。因此，需要专业的第三方公司进行运营管理，以避免设备发生故障而停止使用。

（5）产品出路及潜在风险。生物质炭富含有机质及微纳米孔隙、无病原菌残留、无臭味，适用于土壤改良剂、土壤调理剂和炭基肥的生产。经过350℃以上高温热解1h产生的生物质炭中虽然生物有效性重金属含量不高，基本能够符合《土壤环境质量 农用地土壤污染风险管控标准（试行）》（GB 15618—2018）要求。但是，受垃圾分类效果影响，如果分类投放正确率不高，易腐垃圾原料中混入有毒有害物质，若将大量以易腐垃圾作为原材料制备的生物质炭应用于农田土壤，其潜在的生态环境风险还有待进一步评估。由于目前尚缺乏国家或地方相关的易腐垃圾原料生物质炭及其相关衍生产品的土地利用标准，很大程度上限制了产物生物质炭及其相关衍生产品的出路和使用。

3.8.7　三废处理

（1）废水处理：该工艺流程废水主要来源于机械挤压脱水产生的废水，具有浓度高、杂质和悬浮物多、可生化性好的特点。废水处理系统一般采用"预处理+UASB+'厌氧-缺氧-好氧'污水处理（anaerobic-anoxic-oxic，A^2O）工艺"。预处理步骤产生的废水经隔油调节池收集后，中下层废水通过"pH调节—混凝—压滤"去除悬浮物，滤液打入UASB厌氧反应器，将其中大部分有机污染物降解为甲烷和低分子量物质，从而降低污染物负荷。UASB出水进入A^2O生化系统，通过微生物载体膜进一步吸附，并通过微生物降解有机污染物和实现氨氮的硝化转化，同时利用硝化液回流促进反硝化脱氮。废水系统处理出水水质达到《污水排入城镇下水道水质标准》（GB/T 31962—2015）A级标准。废水处理产生的污泥经压滤脱水后,可作为原料进行热解炭化。UASB 产生的甲烷等可燃气体,可作为能源补给炭化装置,用于系统加热。

（2）废气处理:垃圾卸料区及预处理区恶臭气体处理采用负压房设计。气体经喷淋吸附、酸碱洗涤中和,出气满足《恶臭污染物排放标准》（GB 14554—1993）中的二级标准要求后排放。干化尾气采用余热式循环除湿干化模式,干化气体不外溢,循环使用,无需尾气处理系统。部分热解气燃烧尾气采用热解技术,源头减少污染物的产生,可规避二噁英产生的部分条件。热解炭化尾气主要采用:燃烧炉内选择性非催化还原(selective non-catalytic reduction, SNCR)技术（脱硝）+3T 技术（燃烧温度不小于 850℃,停留时间不小于 2 s;500～200℃急冷,时间不大于 1 s）+酸碱中和+除白烟技术进行处理。该工艺设计要求包括二噁英在内的各项烟气污染物排放满足《生活垃圾焚烧污染控制标准》（GB 18485—2014）的排放限值要求。经热解炭化的生物质炭和经高温焚烧的尾气均不含臭气因子。

（3）固废处理:主要固体废物为垃圾分拣处理环节中筛分出的其他垃圾,可直接运输至垃圾中转站经压缩预处理,然后集中运送至生活垃圾焚烧发电厂进行焚烧处理。

3.8.8　典型案例分析

案例名称:金华市××区村镇易腐垃圾热解炭化技术。

处理对象:易腐垃圾,包括厨余垃圾、畜禽养殖废弃物以及农业废弃物。

处理规模:20 t/d。

项目简介:项目占地两万多平方米,设备总投资约 800 万元,设计处理规模为 20 t/d,年处理量 7000 t 左右。项目的核心技术为热解炭化技术,可实现易腐垃圾联合园林废弃物的减量化、稳定化、无害化、资源化处置。项目采用“预处理+干化+热解炭化”工艺路线,将易腐垃圾经破碎系统、挤压脱水后输送进入干化系统（图 3-45）,利用炭化余热产生的水蒸气经热交换器将常温风转换成热风,并对垃圾进行烘干,将含水率在 40%～50%的干垃圾送入热解炭化系统（图 3-46）,形成生物质炭和热解气。该技术的核心是热解炭化,将厨余垃圾、污泥、秸秆等农林废弃物，在缺氧或者无氧的条件下，对生物质进行热裂解，产生的生物质炭具有多孔性，并含有一定量的 N、P、K 等营养元素，理论上可作为土壤改良剂、土壤调理剂、炭基肥生产的原材料（图 3-47），解决垃圾分类后易腐垃圾的末端处理难题。

易腐垃圾预处理及输送系统　　　　　易腐垃圾干化系统

图 3-45　易腐垃圾预处理及干化系统

易腐垃圾热解炭化系统　　　　　生物质炭出料系统

图 3-46　易腐垃圾热解炭化及出料系统

工艺特点：①项目运行过程中，资源循环利用率高。热解炭化技术将热解过程中产生的热解气引入燃烧炉燃烧，产生的高温烟气进入炭化炉为垃圾炭化提供热能，然后进入余热锅炉为深度干化系统提供热能。对热解气进行燃烧处理和余热利用，既可以提高后续尾气处理的效率，又可以有效降低热解炭化过程中的能量损失（约 10%）。②实现易腐垃圾与农林废弃物协同处置。将易腐垃圾和农林废弃物这两种非同类生物质共同热解炭化，亦可提高炭化效率，改善生物质炭肥效与品质。③项目废水处理系统规范（图 3-48），出水达到相关标准要求，采用"预处理+UASB+A^2/O 工艺"处理后，执行《污水排入城镇下水道水质标准》（GB/T 31962—2015）A 级标准。④恶臭控制相对较好（图 3-48）。气体经喷淋吸附、酸碱洗涤中和，出气满足《恶臭污染物排放标准》（GB 14554—1993）中的二级标准。干化尾气采用余热式循环除湿干化模式，干化气体不外溢，循环使用，无须尾气处理系统。热解炭化尾气采用"燃烧炉内 SNCR 技术+3T技术+酸碱中和+除白烟"工艺处理，满足《生活垃圾焚烧污染控制标准》（GB 18485—2014）的排放限值要求。经热解炭化的生物质炭和经高温焚烧的尾气均不含臭气因子。

图 3-47　生物质碳基材料应用基地

废水处理系统　　　　　　　　　　臭气净化系统

喷淋塔

图 3-48　易腐垃圾热解炭化工艺二次污染防治系统

参 考 文 献

高俏, 刘馨桧, 李逵, 等. 2016. 亮斑扁角水虻高附加值产品开发的研究进展. 安徽农业科学, 44(34): 102-104.

桂莉. 2014. 农村生活垃圾热解污染物排放特征研究. 广州: 华南理工大学.

郭冏. 2013. 城市生活垃圾生物干燥处理技术的实验研究. 环境卫生工程, 21(3): 28, 30-33.

郭涛, 朱华伦, 杜蕾蕾, 等. 2008. 餐厨垃圾处理中油脂和水分的去除. 粮油加工, 11: 71-73.

郭晓慧. 2014. 餐厨垃圾厌氧消化产甲烷工艺特性及其微生物学机理研究. 杭州: 浙江大学.

韩文彪, 王毅琪, 徐霞, 等. 2017. 沼气提纯净化与高值利用技术研究进展. 中国沼气, 35(5): 57-61.

韩志勇, 刘丹. 2019. 农村生活垃圾特性与全过程管理. 北京: 科学出版社.

何品晶. 2011. 固体废物处理与资源化技术. 北京: 高等教育出版社.

贾晋炜. 2013. 生活垃圾和农业秸秆共热解及液体产物分离研究. 北京: 中国矿业大学(北京).

孔鑫, 刘建国, 刘意立, 等. 2020. 基于高压挤压预处理的生活垃圾干湿分离处理工艺不同场景综合效益分析. 环境科学学报, 40(9): 3445-3452.

赖亚萍. 2017. 西安市农村生活垃圾治理现状及发展方向研究. 环境与可持续发展, 42(5): 169-171.

李春萍, 黄乐, 吴学谦. 2016. 垃圾热干化效率及臭气排放特性研究. 环境工程, 34(7): 98-101.

李黔军, 黄雪飞. 2009. 蝇蛆蛋白的研究进展. 四川畜牧兽医, 36(7): 31-32.

李相儒. 2019. 农村易腐垃圾生物干化与腐熟工艺初探. 杭州: 浙江大学.

李永青, 范晓平, 易其臻, 等. 2011. 餐厨垃圾干燥特性理论模型及实验研究. 环境卫生工程, 19(5): 15-17, 20.

陆丽珠, 邓盾, 马平, 等. 2020. 黑水虻堆肥促畜禽粪便分解的研究进展. 广东农业科学, 47(8): 110-117.

罗亭. 2014. 城镇有机垃圾热解生物炭理化性质研究. 重庆: 重庆大学.

骆爽爽. 2016. 太阳能辅助好氧堆肥处理农村生活垃圾的技术研究. 杭州: 浙江大学.

秦勇. 2020. 植物源生物质炭及其磁化改性对厌氧消化产甲烷效能的影响. 杭州: 浙江大学.

任立斌. 2020. 黑水虻生物转化餐厨垃圾试验的研究. 兰州: 兰州交通大学.

任连海, 金宜英, 刘建国, 等. 2009. 餐厨垃圾固相油脂液化及分离回收的影响因素. 清华大学学报(自然科学版), 49(3): 386-389.

斯琴高娃, 曹晓娟, 董交其, 等. 2008. 蝇蛆的营养分析. 饲料博览(技术版), 2: 60-61.

王昊书. 2015. 厨房垃圾高效破碎除杂成套化装置设计与优化研究. 杭州: 浙江大学.

王睿. 2017. 沼气工程中湿法脱硫工艺设计及过程优化. 杭州: 浙江大学.

王义文, 付鹏强, 宋锦东, 等. 2020. 一种中小型餐厨垃圾处理设备的设计. 现代制造技术与装备, 56(7): 111-113, 117.

王英. 2011. 新型农村生活垃圾耦合太阳能好氧堆肥处理技术研究. 吉林: 吉林大学.

徐超. 2019. 快速启温好氧堆肥过程中关键酶活性变化规律研究. 宁波大学学报(理工版), 32(2): 17-22.

余桂平, 翁晓星, 徐锦大, 等. 2020. 基于蝇蛆养殖技术的畜禽粪便处理模式. 农业工程, 10(5): 57-60.

余琳. 2018. 家蝇(*Musca domestica* L.)生物转化厨余垃圾体系的产品品质分析与质量评价. 成都: 四川农业大学.

张艳辉, 吴秀丰, 杨晓龙, 等. 2019. 餐厨垃圾粉碎脱水一体机设计. 农业工程, 9 (8): 118-121.

赵立军. 2013. 厨余垃圾组份（分）分选装置及关键部件研究. 哈尔滨: 东北农业大学.

周昭志. 2020. 垃圾热解气化过程中氯的转化与控制特性及生命周期可持续性评价方法研究. 杭州: 浙江大学.

Fang Y, Jia X B, Chen L J, et al. 2019. Effect of thermotolerant bacterial inoculation on the microbial community during sludge composting. Canadian Journal of Microbiology, 65(10): 750-761.

Lin L, Xu F, Ge X, Li Y. 2018. Improving the sustainability of organic waste management practices in the food-energy-water nexus: A comparative review of anaerobic digestion and composting. Renewable & Sustainable Energy Reviews. 89, 151-167.

Xin L, Li X, Bi F, et al. 2020. Accelerating food waste composting course with biodrying and maturity process: A pilot study. ACS Sustainable Chemistry & Engineering, 9(1): 224-235.

第 4 章

村镇易腐垃圾资源化处理技术模式
比选与共性问题分析

　　本章从各项易腐垃圾资源化技术的技术优势、经济效益、产品出路、存在问题以及适用范围等方面，概述了浙江省现有的易腐垃圾资源化处理技术，并对各项技术给予综合评级，以期为决策部门提供有效参考；第 3 章描述了各项技术所存在的差异化缺点，本章则着眼于易腐垃圾资源化各项技术的共性缺点与不足，从宏观角度提出相应的对策与解决方案，助力浙江省易腐垃圾资源化技术发展持续向好发展。

4.1　技术模式比选

本书从各项易腐垃圾资源化技术的技术优势、经济效益、产品出路、存在问题以及适用范围等角度,全面概述了浙江省现有的易腐垃圾资源化处理技术并汇总于表 4-1。

总体而言,浙江省通过村镇垃圾治理工作的有力推进,在有效实现源头减量的基础上,提升后端资源化处理减量效果,加快实现生活垃圾处理"减量化、资源化、无害化"目标。另外,易腐垃圾处理技术在发展过程中,机械化水平逐渐提高,人工成本降低,极大地改善了村镇脏乱差问题,提升了人居环境质量,已初步建成了因地制宜的多元易腐垃圾处理模式,形成了一系列可复制可推广的、符合村镇实际和环保要求的易腐垃圾终端处理技术,为实现浙江省生活垃圾"零增长""零填埋"的"双零"目标打下坚实基础。

表 4-1　各项易腐垃圾资源化技术一览

技术编号 技术名称	适用范围			经济成本及效益分析(1~5级,由低到高)	产品出路	综合推荐指数
	规模 /(t/d)	物料	场景模式			
技术一 村镇易腐垃圾生物强化腐熟技术	0.2~10	☑厨余垃圾 ☑餐厨垃圾 ☑生鲜垃圾 ☑农林废弃物 □畜禽粪便	☑一村一建 ☑多村联建 ☑县域集中	建设投入:4 运维费用:3 经济效益:★★★	成肥产品主要作为土壤调理剂,免费供农户和园林绿化使用,也可进一步加工制备成土壤改良剂、苗木基质、有机无机复合肥和专用有机肥	★★★★
技术二 村镇易腐垃圾高温脱水二次堆肥处理技术	0.3~5	☑厨余垃圾 ☑餐厨垃圾 ☑生鲜垃圾 ☑农林废弃物 □畜禽粪便	☑一村一建 ☑多村联建 □县域集中	建设投入:5 运维费用:4 经济效益:★★	以厨余/生鲜垃圾、农林废弃物等为原料的产物可作为土壤调理剂,供园林绿化使用,或加工成为土壤改良剂、有机无机复合肥等;以餐厨垃圾为原料的产物则需检测含盐量等安全性指标后方可用于农田土壤	★★★

续表

技术编号 技术名称	适用范围			经济成本及效益分析（1～5级，由低到高）	产品出路	综合推荐指数
	规模/（t/d）	物料	场景模式			
技术三 村镇易腐垃圾 就地高温脱水 减量技术	0.3～5	☑厨余垃圾 ☑餐厨垃圾 ☑生鲜垃圾 ☑农林废弃物 □畜禽粪便	☑一村一建 ☑多村联建 □县域集中	建设投入：5 运维费用：4 经济效益：★	初级产物核心指标腐熟度接近零，因此不能作为土壤调理剂或有机肥料等产品直接农业利用，需进一步采取生物转化利用或通过焚烧等措施实现无害化处置	★★
技术四 村镇易腐垃圾 太阳能辅助堆 肥成套技术	0.5～10	☑厨余垃圾 ☑餐厨垃圾 ☑生鲜垃圾 ☑农林废弃物 □畜禽粪便	☑一村一建 ☑多村联建 ☑县域集中	建设投入：2 运维费用：2 经济效益：★★★	该技术产品出路与技术二相同	★★★
技术五 村镇易腐垃圾 地埋式厌氧产 沼技术	0.3～5	☑厨余垃圾 ☑餐厨垃圾 ☑生鲜垃圾 ☑农林废弃物 □畜禽粪便	☑一村一建 ☑多村联建 □县域集中	建设投入：4 运维费用：4 经济效益：★★★	沼气：经净化后采用管网输送方式供用户日常生活使用 沼液：进行农业综合利用消纳 沼渣：经过堆肥化处理后，在符合无害化和腐熟相关标准后，制成肥料和基质进一步利用	★★★
技术六 村镇易腐垃圾 生物蛋白转化 技术	50～100	☑厨余垃圾 ☑餐厨垃圾 □生鲜垃圾 □农林废弃物 ☑畜禽粪便	□一村一建 ☑多村联建 ☑县域集中	建设投入：4 运维费用：4 经济效益：★★★	昆虫幼虫的蛋白质含量丰富，符合养殖行业蛋白的巨大需求，是较好的蛋白饲料替代产品；生产的虫粪有机肥经安全性评价后可用于园林绿化或农业农村土地利用等	★★★★
技术七 村镇易腐垃圾 干热提油耦合 畜禽粪便生物 蛋白转化技术	50～100	☑厨余垃圾 ☑餐厨垃圾 □生鲜垃圾 □农林废弃物 ☑畜禽粪便	□一村一建 □多村联建 ☑县域集中	建设投入：3 运维费用：3 经济效益：★★★★	再生油脂：可补充工业油脂原料供应缺口，为油化、日用化工等行业提供原料。也可进一步精炼加工制生物柴油等产品 三相分离后固渣通过蝇蛆工程实现生物蛋白转化，出路与技术六相同	★★★
技术八 村镇易腐垃圾 热解炭化技术	3～20	☑厨余垃圾 ☑餐厨垃圾 ☑生鲜垃圾 ☑农林废弃物 □畜禽粪便	□一村一建 ☑多村联建 ☑县域集中	建设投入：5 运维费用：4 经济效益：★★	生物质炭产品适用于碳基缓释肥制造，也可与腐殖酸、氮素、磷素、钾素等混合构成土壤改良剂，最终用于污染土地修复、耕地提质、化肥替代、绿色有机农产品生产等	★★

4.2　共性问题分析与对策建议

1）各项技术存在瓶颈，需改进设施设备

在调研过程中发现，各类设备设施或多或少都存在运行负荷低的问题。以机械成肥设施为例，其平均运行负荷只有 53.8%，除了在规划设计过程中对产生量预测不足等设计问题外，各项技术仍存在瓶颈问题，导致实际处理能力低下。

目前，易腐垃圾资源化处理技术存在预处理设备"分拣难"的问题。二次分拣基本依赖人工操作。即便采用易腐垃圾预处理分选设备，其所设定的对象多停留在"垃圾分类"实施之前的混合垃圾，这类预处理设备成本高、环节多、流程冗杂、有机质损失严重、故障率高，难以适应现阶段分类质量逐渐变化的易腐垃圾纯化预处理要求，给后端主体设施造成较大压力。另外，后端主体工艺流程/设备也存在成本高、运行能耗高、机械化/自动化程度低、很多技术仍处于实验室研究水平而无法实际应用等问题。

针对上述技术瓶颈，需加快提升设备适应性以及效能，加快高效低耗设备的研发与推广，切实提升易腐垃圾资源化转化效率，形成降本增效的村镇易腐垃圾资源化转化技术。为此，提出以下建议：①相关技术研发单位应加强研发、多方合作，基于已有的易腐垃圾预处理和主体工艺评判不同技术、工艺、工艺组合、技术参数的效能，改进设备设施，加快实现易腐垃圾资源化处理自动化/机械化，实现数字化转型以及智能化监管；②单一技术往往不能有效实现出口产品达标，可通过明确各技术边界，在各项技术前后端实现联结协作，推进设施共建共享，以提升整体效能；③加强实地运维与设备厂商的意见反馈，引导生产企业优化工艺、健全功能、完善设备，提高设备的先进性与可靠性，保障设备的运行负荷和参数稳定，实现设备高负荷低能耗运行。

2）二次污染防治难，需突破防控技术

易腐垃圾资源化处理技术过程中的二次污染防治问题一直是瓶颈问题。废水处理方面，不论是小型就地减量设备还是规模化处理终端，由于易腐垃圾的含水率较高，处理过程出水具有含油含盐高、COD 浓度高、杂质和悬浮物多、可生化性好等特点，导致后端污水处理系统的规模大，要求高，普通生化处理不满足其达标排放要求，通常需增设除油、气浮、多级 AO 深度处理工艺，致使水处理成本提高；恶臭净化方面，个别处理技术在易腐垃圾资源化过程中产生的 NH_3、H_2S 和 VOCs 等恶臭气体未经任何处理直接排入大气或采用简易活性炭吸附和水喷淋吸收法，除臭效果差，严重影响厂界周边空气环境，邻避效应显著。另外，在实际建设过程中，各站点建设重点总是偏向于资源化利用设施及工艺，包括占地以及经济成本等方面，相应地会削弱废水和废弃处理配套装置。

因此，在评估选择各项资源化技术的同时，不仅应关注主体技术的适用性，还应评估其二次污染防治措施及成本，对标国家和地方相关环保标准（见附录），针对小型就地易腐垃圾处理设备，发展小型就地集装化或移动式污水处理设备和臭气原位控制技术。

3）产品出路不畅，需推动政策落地

易腐垃圾资源化产品出路受多重因素影响。第一，易腐垃圾进料存在差异，预处理适应性差，分拣难。各项易腐垃圾处理技术都较为依赖易腐垃圾的分类纯度，由于各地村镇开展垃圾分类工作时间以及推进强度不同，村镇易腐垃圾分类质量参差不齐，进入后端资源化处理设备的易腐垃圾中常混有塑料、金属、织物等不可腐烂成分。目前尚缺乏成熟可靠的分选易腐垃圾的机械分拣设备，普遍采用的破碎、磁选、筛分等机械分选技术难以将垃圾中其他杂质分开：一方面，杂质的存在易导致设备在运行过程中发生缠绕、卡死等问题，损坏设备，导致后期维修运维频率增加；另一方面，分选效果差会影响易腐垃圾减量资源化处理效率，原料中难以分出的塑料、玻璃等杂质，很大程度上影响后端产品（如肥料、生物蛋白产品），不仅从外观上影响农户对资源化产品的接受度，同时对产品腐熟度、有害物质含量等产生一定影响，导致产品出路不畅。第二，部分产品附加值低，销路不佳。易腐垃圾小型好氧生物处理、厌氧处理和昆虫生物转化过程形成的产物（残余物），普遍具有生物稳定性低、腐熟度低、含水量偏高的特点，不适合直接作为农用有机肥施用，多作为土壤调理剂，作为园林、绿化等栽培用土。同时，这类产品施用存在明显季节性，而以易腐垃圾为原料的处理过程则是连续的，生产和使用之间存在"时间差"矛盾，最终未被利用的产品需另行处置；产物在存储、运输过程中也存在利润低于消耗等经济问题，农户接受度低，推广使用存在一定难度。另外，部分技术高估了产生量小的高附加值产物的价值，而忽略了产量高的低价值或无价值的残余物的消纳处理，导致产品出路不畅。

　　未来，在分类易腐垃圾品质逐步提升、预处理技术优化的基础上，政府应加快推动政策完善，采取绿色补贴（环境补贴）政策，鼓励企业践行绿色采购。所谓"绿色补贴"，是政府对削减污染所采取的措施提供资助，包括税收补贴、赠款、软贷款等方式，而"绿色采购"是政府通过庞大的采购力量，优先购买对环境负面影响较小的环保产品（资源化产品）。上述两种方式都可有效开拓易腐垃圾资源化产物的市场，积极促进资源化企业环保行为改善，对各村镇的就地消纳资源化产品起到推动与示范的正向作用，架起绿色生产和绿色消费的桥梁。需要制定科学的补贴/采购方案，根据不同产物（残余物）的生物稳定性进行分级和应用途径评估，探索园林绿化、盆景基质、土壤改良剂/调理剂等多途径的产物就地/异地消纳途径，匹配不同的补贴方案，形成产业化模式，实现易腐垃圾就地处理全链条的良性循环。

　　4）标准规程不完整，需明确风险管控

　　现阶段，我国各级政府陆续发布了有机肥安全应用的技术规范（规程），如国家标准《畜禽粪便还田技术规范》（GB/T 25246—2010），浙江省农产品质量安全学会团体标准《生菜种植有机肥安全施用技术规程》（T/ZNZ 033—2020）等。这些标准对于指导有机肥在不同作物上的安全施用及推广起到了重要作用，但是主要针对的是以畜禽养殖废弃物为主要原料的有机肥产品，且主要针对有机肥中抗生素、重金属等有毒有害物质对土壤生态环境和农产品安全的影响展开了风险评估和安全施用技术研究，而对于易腐垃圾肥料化制品的施用量及使用方式、其特有的盐分含量等指标对生态环境及对农业生产的影响等方面缺乏研究，这阻碍了易腐垃圾资源化产品实际入田的可行性。

　　值得注意的是，在 2021 年修订后的新版《有机肥料》（NY/T 525—2021）中，首次将餐厨废弃物纳入原料范围并明确监管指标，为易腐垃圾资源化及还田还土提供了合法合规的引导。然而，该标准仍主要针对各个单一产品在农业上的应用，对易腐垃圾资源化产品的其他利用途径（如用于园林绿化、花卉盆栽基质等其他载体，与其他类型的资源化产品混用等方式）规范较少，指标体系不完整，市场引导作用较弱。

因此，应提出更有针对性的产物利用标准，明确易腐垃圾资源化利用过程中的风险管控关键指标及安全使用阈值。提出以下建议：①加快建立并落实以"腐熟度""生物稳定性"等为指标的分级评估体系，探明各类易腐垃圾初级产品及最终产品（资源化产品）的特性及其重金属、盐分、油脂等残留情况，开展易腐垃圾资源化产品安全性评估。②探究在不同土壤类型、种植制度条件下易腐垃圾产品使用量对主要作物产量、品质以及土壤环境和耕地地力的影响，以此评估易腐垃圾资源化产品对土壤质量、农产品安全的风险，提出易腐垃圾资源化产品风险管控阈值，最终根据评估结果将其分流输送至不同市场。③根据不同作物的养分需求规律与土壤供肥特性，利用无害化处置后的易腐垃圾与畜禽养殖废弃物、秸秆、蚕沙、菜籽饼、菇渣等农林废弃物进行配方，研制易腐垃圾专用有机肥产品，以扩大易腐垃圾的肥料化利用范围，提高易腐垃圾肥料化利用的效益。积极开展易腐垃圾专用有机肥制品在不同耕地类型、不同土壤、不同作物、不同栽培方式下的安全施用技术研究，完善易腐垃圾商品化肥料产品（专用有机肥）安全利用技术规范以及相关的评价体系，推动实现易腐垃圾资源化与耕地质量持续改善的有机结合。这在有效减少化肥施用，促进作物增产和品质的提升等方面均有重要意义，从而实现易腐垃圾肥料化高值利用，具有广阔的市场前景。④加快完善各项易腐垃圾资源化处理技术规程，对各项技术、工艺、设备运行的全链条实施多维度评估管理，从资源化、环境影响、经济可持续性以及社会接受程度综合考评，对各地政府、市场起到指导作用，形成全链条产业化运行模式。

5）日常管理不到位，需加强全过程管理

村镇生活垃圾管理一直是乡村建设过程中被忽视的薄弱环节，而易腐垃圾因其含水率高、易腐烂、恶臭明显等问题，其处理全流程是管理的重中之重。第一，随着村镇生活垃圾治理工作的全面开展，投入村镇生活垃圾末端处置的经费也逐渐增加，但普遍存在"重投入轻运维"的现象，这导致部分基础设施闲置、废弃、运行负荷率低下等，最终难以发挥作用。第二，部分工艺操作要求较高，运维难度大，其在日常管理中存在一定难题。以黑水虻生物蛋白转化工艺为例，其养殖过程机械化自动化程度低，劳动强度相对较高，对专业人员培训和场地管理等方面要求更高，物料调质调理过程需要精确管控，人工收集虫卵过程中不可避免地造成不少虫卵损坏，若这些过程中管理不到位，会很大程度上影响产业效益。而厌氧产沼技术的安全管理十分关键，其运维过程中涉及了沼气的产生与输送，若不充分强化场地沼气浓度预警以及运维人员的安全意识，将存在较大风险隐患。第三，一些村镇受限于环卫队伍不健全，专业技术人员缺乏以及工作分配不合理等问题，保洁能力有限，阻碍了处理技术的有效推进。第四，部分村镇引入市场化运作机制，但缺乏相关的考核与激励机制，运作不规范，监管流于形式，未起到应有的作用。因此，村镇生活垃圾治理尤其是末端处置环节仍存在管理水平有限、日常管理不到位的问题。

随着越来越高的环保要求以及公众逐渐增强的环保意识，生活垃圾治理全流程（主要是末端处理设施）应实现由"邻避"向"邻利"的转变。提出以下建议：①加快推进生活垃圾全过程管理，包括生活垃圾产生、源头分类、投放、收集、二次分拣、运输、回收利用和资源化处理等过程，尤其强化易腐垃圾资源化处理过程中的运维管理，让所建设施充分发挥功能与效能，以此实现村镇生活垃圾资源化利用最大化；②科学合理建设各项设施设备，有条件的地区增设公共服务设施、建立宣教基地等，通过环保安全的技术、智能规范的管理，让公众对垃圾处理行业建立更积极的印象，这也有利于推动社会理解、认识并配合垃圾分类工作，提升公民文明素养；③加快建立环境治理市场体系，通过规范垃圾治理市场秩序，引导各类资本参与村镇生活垃圾治理投资、建设、运行，完善环境服务惩戒和退出机制，扶持一批专特优精中小企业；④健全价格收费机制，推行生活垃圾处理收费制度，规范第三方考核和激励机制。

综上所述，现阶段浙江省村镇易腐垃圾资源化处理技术仍存在较大的提升空间，解决好易腐垃圾资源化技术创新、产品出路畅通、二次污染防控、标准体系完善及全流程管理等"卡脖子"环节，对"十四五"浙江省乃至全国各地进一步推进村镇生活垃圾分类减量资源化工作具有重要现实意义。

附　录

一、本书涉及标准规范

国家标准：

《恶臭污染物排放标准》（GB 14554—1993）

《污水排入城镇下水道水质标准》（GB/T 31962—2015）

《生活垃圾填埋场污染控制标准》（GB 16889—2008）

《污水综合排放标准》（GB 8978—1996）

《生活垃圾焚烧污染控制标准》（GB 18485—2014）

《复混肥料（复合肥料）》（GB/T 15063—2009）

《锅炉大气污染物排放标准》（GB 13271—2014）

《土壤环境质量　农用地土壤污染风险管控标准（试行）》（GB 15618—2018）

《畜禽粪便还田技术规范》（GB/T 25246—2010）

地方标准：

《城镇污水处理厂主要水污染物排放标准》（DB 33/2169—2018）

《农村生活垃圾阳光房处理技术与管理规范》（DB 3301/T 0261—2018）

《农村生活污水处理设施污水排入标准》（DB33/T 1196—2020）

《农村生活垃圾分类处理规范》（DB33/T 2091—2018）

行业标准：

《有机肥料》（NY/T 525—2021）

《生活垃圾堆肥处理技术规范》（CJJ 52—2014）

《微生物肥料生物安全通用技术准则》（NY/T 1109—2017）

《复合微生物肥料》（NY/T 798—2015）

《含腐植酸水溶肥料》（NY 1106—2010）

《沼气工程规模分类》（NY/T 667—2011）

《农村沼气集中供气工程技术规范》（NY/T 2371—2013）

《沼气工程安全管理规范》（NY/T 3437—2019）

团体标准：

《生菜种植有机肥安全施用技术规程》（T/ZNZ 033—2020）

二、本书涉及相关标准中的重要表格

1. 《锅炉大气污染物排放标准》（GB 13271—2014）表3

表3　大气污染物特别排放限值　　　（单位：mg/m³）

污染物项目	限值			污染物排放监控位置
	燃煤锅炉	燃油锅炉	燃气锅炉	
颗粒物	30	30	20	烟囱或烟道
二氧化硫	200	100	50	

污染物项目	限值			污染物排放监控位置
	燃煤锅炉	燃油锅炉	燃气锅炉	
氮氧化物	200	200	150	
汞及其化合物	0.05	—	—	
烟气黑度（林格曼黑度，级）	≤1			烟囱排放口

2.《生活垃圾焚烧污染控制标准》（GB 18485—2014）表4

表4 生活垃圾焚烧炉排放烟气中污染物限值

序号	污染物项目	限值	取值时间
1	颗粒物/（mg/m³）	30	1 小时均值
		20	24 小时均值
2	氮氧化物（NO_x）/（mg/m³）	300	1 小时均值
		250	24 小时均值
3	二氧化硫（SO_2）/（mg/m³）	100	1 小时均值
		80	24 小时均值
4	氯化氢（H_2Cl）/（mg/m³）	60	1 小时均值
		50	24 小时均值
5	汞及其化合物（以 Hg 计）/（mg/m³）	0.05	测定均值
6	镉、铊及其化合物（以 Cd+Tl 计）/（mg/m³）	0.1	测定均值
7	锑、砷、铅、铬、钴、铜、锰、镍及其化合物（以 Sb+As+Pb+Cr+Co+Cu+Mn+Ni 计）/（mg/m³）	1.0	测定均值
8	二噁英类/（ng TEQ/m³）	0.1	测定均值
9	一氧化碳（CO）/（mg/m³）	100	1 小时均值
		80	24 小时均值

3. 《生活垃圾填埋场污染控制标准》（GB 16889—2008）表 2

表 2　现有和新建生活垃圾填埋场水污染物排放质量浓度限值

序号	控制污染物	排放质量浓度限值	污染物排放监控位置
1	色度（稀释倍数）	40	常规污水处理设施排放口
2	化学需氧量（COD_{Cr}）/（mg/L）	100	常规污水处理设施排放口
3	生化需氧量（BOD_5）/（mg/L）	30	常规污水处理设施排放口
4	悬浮物/（mg/L）	30	常规污水处理设施排放口
5	总氮/（mg/L）	40	常规污水处理设施排放口
6	氨氮/（mg/L）	25	常规污水处理设施排放口
7	总磷/（mg/L）	3	常规污水处理设施排放口
8	粪大肠菌群数/（个/L）	10000	常规污水处理设施排放口
9	总汞/（mg/L）	0.001	常规污水处理设施排放口
10	总镉/（mg/L）	0.01	常规污水处理设施排放口
11	总铬/（mg/L）	0.1	常规污水处理设施排放口
12	六价铬/（mg/L）	0.05	常规污水处理设施排放口
13	总砷/（mg/L）	0.1	常规污水处理设施排放口
14	总铅/（mg/L）	0.1	常规污水处理设施排放口

4. 《污水综合排放标准》（GB 8978—1996）表 4

表 4　第二类污染物最高允许排放浓度（1998 年 1 月 1 日后建设的单位）

（单位：mg/L）

序号	污染物	适用范围	一级标准	二级标准	三级标准
1	pH	一切排污单位	6～9	6～9	6～9
2	色度（稀释倍数）	一切排污单位	50	80	—
3	悬浮物（SS）	采矿、选矿、选煤工业	70	300	—
		脉金选矿	70	400	—
		边远地区砂金选矿	70	800	—

续表

序号	污染物	适用范围	一级标准	二级标准	三级标准
3	悬浮物（SS）	城镇二级污水处理厂	20	30	—
		其他排污单位	70	150	400
4	五日生化需氧量（BOD_5）	甘蔗制糖、苎麻脱胶、湿法纤维板、染料、洗毛工业	20	60	600
		甜菜制糖、酒精、味精、皮革、化纤浆粕工业	20	100	600
		城镇二级污水处理厂	20	30	—
		其他排污单位	20	30	300
5	化学需氧量（COD）	甜菜制糖、合成脂肪酸、湿法纤维板、染料、洗毛、有机磷农药工业	100	200	1000
		味精、酒精、医药原料药、生物制药、苎麻脱胶、皮革、化纤浆粕工业	100	300	1000
		石油化工工业（包括石油炼制）	60	120	500
		城镇二级污水处理厂	60	120	—
		其他排污单位	100	150	500
6	石油类	一切排污单位	5	10	20
7	动植物油	一切排污单位	10	15	100
8	挥发酚	一切排污单位	0.5	0.5	2.0
9	总氰化合物	一切排污单位	0.5	0.5	1.0
10	硫化物	一切排污单位	1.0	1.0	1.0
11	氨氮	医药原料药、染料、石油化工工业	15	50	—
		其他排污单位	15	25	—
12	氟化物	黄磷工业	10	15	20
		低氟地区（水体含氟量<0.5 mg/L）	10	20	30

序号	污染物	适用范围	一级标准	二级标准	三级标准
12	氟化物	其他排污单位	10	10	20
13	磷酸盐（以 P 计）	一切排污单位	0.5	1.0	—
14	甲醛	一切排污单位	1.0	2.0	5.0
15	苯胺类	一切排污单位	1.0	2.0	5.0
16	硝基苯类	一切排污单位	2.0	3.0	5.0
17	阴离子表面活性剂（LAS）	一切排污单位	5.0	10	20
18	总铜	一切排污单位	0.5	1.0	2.0
19	总锌	一切排污单位	2.0	5.0	5.0
20	总锰	合成脂肪酸工业	2.0	5.0	5.0
		其他排污单位	2.0	2.0	5.0
21	彩色显影剂	电影洗片	1.0	2.0	3.0
22	显影剂及氧化物总量	电影洗片	3.0	3.0	6.0
23	元素磷	一切排污单位	0.1	0.1	0.3
24	有机磷农药（以 P 计）	一切排污单位	不得检出	0.5	0.5
25	乐果	一切排污单位	不得检出	1.0	2.0
26	对硫磷	一切排污单位	不得检出	1.0	2.0
27	甲基对硫磷	一切排污单位	不得检出	1.0	2.0
28	马拉硫磷	一切排污单位	不得检出	5.0	10
29	五氯酚及五氯酚钠（以五氯酚计）	一切排污单位	5.0	8.0	10
30	可吸附有机卤化物（AOX）（以 Cl 计）	一切排污单位	1.0	5.0	8.0

序号	污染物	适用范围	一级标准	二级标准	三级标准
31	三氯甲烷	一切排污单位	0.3	0.6	1.0
32	四氯化碳	一切排污单位	0.03	0.06	0.5
33	三氯乙烯	一切排污单位	0.3	0.6	1.0
34	四氯乙烯	一切排污单位	0.1	0.2	0.5
35	苯	一切排污单位	0.1	0.2	0.5
36	甲苯	一切排污单位	0.1	0.2	0.5
37	乙苯	一切排污单位	0.4	0.6	1.0
38	邻-二甲苯	一切排污单位	0.4	0.6	1.0
39	对-二甲苯	一切排污单位	0.4	0.6	1.0
40	间-二甲苯	一切排污单位	0.4	0.6	1.0
41	氯苯	一切排污单位	0.2	0.4	1.0
42	邻-二氯苯	一切排污单位	0.4	0.6	1.0
43	对-二氯苯	一切排污单位	0.4	0.6	1.0
44	对-硝基氯苯	一切排污单位	0.5	1.0	5.0
45	2,4-二硝基氯苯	一切排污单位	0.5	1.0	5.0
46	苯酚	一切排污单位	0.3	0.4	1.0
47	间-甲酚	一切排污单位	0.1	0.2	0.5
48	2,4-二氯酚	一切排污单位	0.6	0.8	1.0
49	2,4,6-三氯酚	一切排污单位	0.6	0.8	1.0
50	邻苯二甲酸二丁脂	一切排污单位	0.2	0.4	2.0
51	邻苯二甲酸二辛脂	一切排污单位	0.3	0.6	2.0
52	丙烯腈	一切排污单位	2.0	5.0	5.0
53	总硒	一切排污单位	0.1	0.2	0.5

续表

序号	污染物	适用范围	一级标准	二级标准	三级标准
54	粪大肠菌群数	医院*、兽医院及医疗机构含病原体污水	500 个/L	1000 个/L	5000 个/L
		传染病、结核病医院污水	100 个/L	500 个/L	1000 个/L
55	总余氯（采用氯化消毒的医院污水）	医院*、兽医院及医疗机构含病原体污水	<0.5**	>3（接触时间≥1 h）	>2（接触时间≥1h）
		传染病、结核病医院污水	<0.5**	>6.5（接触时间≥1.5 h）	>5（接触时间≥1.5h）
56	总有机碳（TOC）	合成脂肪酸工业	20	40	—
		苎麻脱胶工业	20	60	—
		其他排污单位	20	30	—

注：其他排污单位：指除在该控制项目中所列行业以外的一切排污单位。

* 指 50 个床位以上的医院。

** 加氯消毒后须进行脱氯处理，达到本标准。

5.《污水排入城镇下水道水质标准》（GB/T 31962—2015）表 1

表 1　污水排入城镇下水道水质控制项目限值

序号	控制项目名称	单位	A 级	B 级	C 级
1	水温	℃	40	40	40
2	色度	倍	64	64	64
3	易沉固体	mL/（L·15min）	10	10	10
4	悬浮物	mg/L	400	400	250
5	溶解性总固体	mg/L	1500	2000	2000
6	动植物油	mg/L	100	100	100
7	石油类	mg/L	15	15	10
8	pH	—	6.5～9.5	6.5～9.5	6.5～9.5
9	五日生化需氧量（BOD_5）	mg/L	350	350	150
10	化学需氧量（COD）	mg/L	500	500	300
11	氨氮（以 N 计）	mg/L	45	45	25

序号	控制项目名称	单位	A级	B级	C级
12	总氮（以N计）	mg/L	70	70	45
13	总磷（以P计）	mg/L	8	8	5
14	阴离子表面活性剂（LAS）	mg/L	20	20	10
15	总氰化物	mg/L	0.5	0.5	0.5
16	总余氯（以Cl_2计）	mg/L	8	8	8
17	硫化物	mg/L	1	1	1
18	氟化物	mg/L	20	20	20
19	氯化物	mg/L	800	800	800
20	硫酸盐	mg/L	400	600	600
21	总汞	mg/L	0.005	0.005	0.005
22	总镉	mg/L	0.05	0.05	0.05
23	总铬	mg/L	1.5	1.5	1.5
24	六价铬	mg/L	0.5	0.5	0.5
25	总砷	mg/L	0.3	0.3	0.3
26	总铅	mg/L	0.5	0.5	0.5
27	总镍	mg/L	1	1	1
28	总铍	mg/L	0.005	0.005	0.005
29	总银	mg/L	0.5	0.5	0.5
30	总硒	mg/L	0.5	0.5	0.5
31	总铜	mg/L	2	2	2
32	总锌	mg/L	5	5	5
33	总锰	mg/L	2	5	5
34	总铁	mg/L	5	10	10
35	挥发酚	mg/L	1	1	0.5
36	苯系物	mg/L	2.5	2.5	1
37	苯胺类	mg/L	5	5	2
38	硝基苯类	mg/L	5	5	3
39	甲醛	mg/L	5	5	2

序号	控制项目名称	单位	A 级	B 级	C 级
40	三氯甲烷	mg/L	1	1	0.6
41	四氯化碳	mg/L	0.5	0.5	0.06
42	三氯乙烯	mg/L	1	1	0.6
43	四氯乙烯	mg/L	0.5	0.5	0.2
44	可吸附有机卤化物（AOX，以 Cl 计）	mg/L	8	8	5
45	有机磷农药（以 P 计）	mg/L	0.5	0.5	0.5
46	五氯酚	mg/L	5	5	5

6.《农村生活污水处理设施污水排入标准》（DB33/T 1196—2020）表 5.2.1

表 5.2.1　水质指标最高浓度限值

序号	指标名称		单位	浓度限值
1	常规性指标	pH	/	6～9
2		SS	mg/L	200
3		COD_{Cr}	mg/L	450
4		氨氮	mg/L	40
5		总氮	mg/L	50
6		总磷	mg/L	7
7		水温	℃	35
8		色度	倍	70
9	餐饮类	动植物油	mg/L	50
10	腌制类	全盐量	mg/L	1000
11	洗涤类	阴离子表面活性剂	mg/L	10

7.《有机肥料》（NY/T 525—2021）表 1、表 2

表 1 有机肥料技术指标要求及检测方法

项目	指标	检测方法
有机质的质量分数（以烘干基计），%	≥30	按照附录 C 的规定执行
总养分（N+P$_2$O$_5$+K$_2$O）的质量分数（以烘干基计），%	≥4.0	按照附录 D 的规定执行
水分（鲜样）的质量分数，%	≤30	按照 GB/T 8576 的规定执行
酸碱度（pH）	5.5～8.5	按照附录 E 的规定执行
种子发芽指数（GI），%	≥70	按照附录 F 的规定执行
机械杂质的质量分数，%	≤0.5	按照附录 G 的规定执行

表 2 有机肥料限量指标要求及检测方法

项目	指标	检测方法
总砷（As），mg/kg	≤15	
总汞（Hg），mg/kg	≤2	
总铅（Pb），mg/kg	≤50	按照 NY/T 1978 的规定执行。以烘干基计算
总镉（Cd），mg/kg	≤3	
总铬（Cr），mg/kg	≤150	
粪大肠菌群数，个/g	≤100	按照 GB/T 19524.1 的规定执行
蛔虫卵死亡率，%	≥95	按照 GB/T 19524.2 的规定执行
氯离子的质量分数，%	—	按照 GB/T 15063—2020 附录 B 的规定执行
杂草种子活性，株/kg	—	按照附录 H 的规定执行

8.《农村生活垃圾分类处理规范》（DB33/T 2091—2018）表 2、表 3

表 2 肥料技术指标

项目	技术指标
有机质的质量分数（以烘干基计），%	≥30
水分（鲜样）的质量分数，%	≤30
酸碱度（pH）	5.5～8.5

表 3　有机肥料限量指标要求及检测方法

项目	限量指标/（mg/kg）
总砷（As）（以烘干基计）	≤15
总汞（Hg）（以烘干基计）	≤2
总铅（Pb）（以烘干基计）	≤50
总镉（Cd）（以烘干基计）	≤3
总铬（Cr）（以烘干基计）	≤150

9.《恶臭污染物排放标准》（GB 14554—1993）表 1

表 1　恶臭污染物厂界标准值

序号	控制项目	单位	一级	二级		三级	
				新扩改建	现有	新扩改建	现有
1	氨	mg/m³	1.0	1.5	2.0	4.0	5.0
2	三甲胺	mg/m³	0.05	0.08	0.15	0.45	0.80
3	硫化氢	mg/m³	0.03	0.06	0.10	0.32	0.60
4	甲硫醇	mg/m³	0.004	0.007	0.010	0.020	0.035
5	甲硫醚	mg/m³	0.03	0.07	0.15	0.55	1.10
6	二甲二硫	mg/m³	0.03	0.06	0.13	0.42	0.71
7	二硫化碳	mg/m³	2.0	3.0	5.0	8.0	10
8	苯乙烯	mg/m³	3.0	5.0	7.0	14	19
9	臭气浓度	无量纲	10	20	30	60	70